C·H·Beck

PAPERBACK

W0038736

Von Null bis π – eine Liebeserklärung an die Mathematik

Die meisten Menschen halten die Mathematik für eine abstrakte Wissenschaft. Dabei wurde sie entwickelt, um unser Verständnis der Welt zu vereinfachen. Schon 8000 Jahre vor unserer Zeitrechnung finden wir in Mesopotamien geniale geometrische Muster, die auf Symmetrien und Rotationen basieren. Später, um die Zahl der Tiere einer Herde zu bestimmen oder die Grenzen eines Grundstücks zu ziehen, mussten die Menschen zählen und messen lernen, kurz gesagt Arithmetik und Geometrie erfinden. Wie sie das machten, erzählt dieses Buch, das in Frankreich ein Bestseller war. Von der Schönheit der Zahl π bis hin zu Theoremen, die noch zu entdecken sind, nimmt uns der junge französische Starmathematiker und Youtuber Mickaël Launay auf eine abenteuerliche Reise mit, auf der wir verstehen lernen, wie die Mathematik zu uns kam und was wir mit ihr anfangen können.

Mickaël Launay hat Mathematik studiert und über Wahrscheinlichkeitstheorie promoviert. Anfang 30, hat er bereits zahlreiche Projekte entwickelt, um insbesondere junge Leute für Mathematik zu begeistern, darunter den millionenfach angeklickten Youtube-Kanal «Micmaths».

Mickaël Launay

Der große Roman der
MATHEMATIK

Von den Anfängen bis heute

Aus dem Französischen von
Jens Hagestedt und Ursula Held

C.H.BECK

Titel der französischen Originalausgabe:
Le grand roman des maths. De la préhistoire à nos jours
© Flammarion, Paris 2016
Zuerst erschienen 2016 bei Editions Flammarion S. A., Paris

Mit zahlreichen Abbildungen

Die ersten drei Auflagen dieses Buches erschienen 2018
und 2019 in gebundener Form im Verlag C.H.Beck.

1. Auflage in C.H.Beck Paperback. 2019

Für die deutsche Ausgabe:
© Verlag C.H.Beck oHG, München 2018
www.chbeck.de
Satz: Fotosatz Amann, Memmingen
Druck und Bindung: Druckerei C.H.Beck, Nördlingen
Umschlaggestaltung: Geviert, Grafik & Typografie, Michaela Kneißl,
unter Verwendung von Motiven von shutterstock
Printed in Germany
ISBN 978 3 406 73955 2

myclimate

klimaneutral produziert
www.chbeck.de/nachhaltig

Inhalt

Prolog

«Oh, in Mathe war ich immer eine Niete!»

Ich bin es ein bisschen leid. Das muss heute das zehnte Mal sein, dass ich diesen Satz höre.

Vor einer guten Viertelstunde hat diese Dame mit einer Gruppe anderer Passanten bei meinem Stand haltgemacht und seither aufmerksam zugehört, wie ich diverse geometrische Kuriositäten präsentierte. Dabei ist der Satz gefallen.

«Und was machen Sie beruflich?», hatte sie mich gefragt.

«Ich bin Mathematiker.»

«Oh, in Mathe war ich immer eine Niete!»

«Ach wirklich? Trotzdem schien Sie das, was ich gerade erzählt habe, zu interessieren.»

«Ja, aber das ist keine richtige Mathematik … Das kann man noch verstehen.»

Nanu! Das hatte ich noch nie gehört: Die Mathematik wäre also, per definitionem, eine Disziplin, die man nicht verstehen kann?

Wir haben Anfang August, und ich stehe auf dem Cours Félix Faure in La Flotte auf der Île de Ré an der Atlantikküste. Die Urlauber schlendern in der Abendkühle gemütlich umher. Auf dem kleinen Sommermarkt wird zu meiner Linken Handyzubehör angeboten, zu meiner Rechten befindet sich ein Stand, an dem man sich Hennatattoos und afrikanische Haarflechten machen lassen kann, und gegenüber zieht eine Auslage mit Schmuck und Schnickschnack aller Art Passanten an. Zwischen all dem habe ich meinen Mathestand aufgeschlagen. An ausgefallenen Orten treibe ich Mathematik besonders gern. Dort, wo die Leute sie nicht erwarten. Wo sie vor ihr nicht auf der Hut sind ...

«Wenn ich meinen Eltern sage, dass ich in den Ferien Mathe gemacht habe!», ruft mir ein Gymnasiast zu, der auf dem Rückweg vom Strand vorbeigekommen ist.

Es stimmt, ich überfalle sie ein bisschen aus dem Hinterhalt. Aber was sein muss, muss sein. Ich liebe es, die Miene von Leuten, die sich von Mathematik überfordert, hoffnungslos überfordert glaubten, in dem Augenblick zu sehen, in dem ich ihnen sage, dass sie sich gerade eine Viertelstunde lang mit ihr beschäftigt haben. Und mein Stand ist nie verwaist! Ich präsentiere Origami, Zaubertricks, Spiele, Rätsel ... für jeden Geschmack und jede Altersgruppe ist etwas dabei.

Doch auch wenn es mich amüsiert – im Grunde betrübt es mich. Wie ist es dazu gekommen, dass man Leuten verheimlichen muss, dass sie Mathematik betreiben, damit sie Freude daran haben? Warum macht das Wort so sehr Angst? Hätte ich über meinem Tisch ein Schild mit der Aufschrift «Mathematik» angebracht, das genauso sichtbar wäre wie die Wörter «Schmuck», «Handys» und «Tattoos», die über den Ständen um mich herum zu lesen sind, ich hätte nur einen Bruchteil meines jetzigen Erfolgs. Das ist sicher. Die Leute würden nicht stehen bleiben. Vielleicht würden sie sogar einen Schritt zur Seite machen und wegschauen.

Dennoch, die Neugier ist da. Ich stelle sie jeden Tag fest. Mathematik macht Angst, aber mehr noch fasziniert sie. Man liebt sie nicht, würde sie aber gern lieben. Oder zumindest einen indiskreten Blick in ihre dunklen Geheimnisse werfen. Man hält sie für unzugänglich. Aber das ist sie nicht. Man kann Musik lieben, ohne Musiker zu sein, und ein leckeres Essen genießen, ohne Sternekoch zu sein. Warum also müsste man Mathematiker sein oder über außergewöhnliche Intelligenz verfügen, um sich von Mathematik erzählen und sich den Geist von Algebra oder Geometrie kitzeln zu lassen? Man braucht nicht in die technischen Details zu gehen, um die großen Ideen zu verstehen und über sie ins Staunen zu geraten.

Zahlreiche Künstler, Erfinder, Handwerker oder ganz einfach Träumer und Neugierige haben seit Urzeiten Mathematik betrieben, ohne es zu wissen. Sie haben die ersten Fragen gestellt, haben als Erste geforscht und sich als Erste den Kopf zerbrochen. Wenn wir verstehen wollen, warum es Mathematik gibt, müssen wir ihren Spuren folgen, denn mit ihnen hat alles angefangen.

Es ist Zeit, eine Reise anzutreten. Lassen Sie sich mitnehmen auf die verschlungenen Wege einer der faszinierendsten und verblüffendsten Wissenschaften, denen die Menschheit sich gewidmet hat. Brechen wir auf zur Begegnung mit den Frauen und Männern, deren überraschenden Entdeckungen und fabelhaften Einfällen wir die Geschichte dieser Wissenschaft zu verdanken haben.

Schlagen wir gemeinsam den großen Roman der Mathematik auf.

1

Mathematiker wider Willen

Zurück in Paris, beschließe ich, unsere Untersuchung im Louvre, im Herzen der Hauptstadt, zu beginnen. Im Louvre Mathe machen? Das mag unpassend erscheinen. Die als Museum genutzte alte königliche Residenz scheint heute eher das Reich der Maler, der Bildhauer, der Archäologen und der Historiker zu sein als das der Mathematiker. Dennoch werden wir deren frühesten Spuren dort nachgehen.

Bei meiner Ankunft empfinde ich schon die große Glaspyramide, die in der Mitte des Cour Napoléon prangt, als Einladung zur Mathematik, genauer zur Geometrie. Aber ich habe heute ein Rendezvous mit einer viel älteren Vergangenheit. Ich betrete das Museum, und die Zeitreisemaschine setzt sich in Gang. Ich komme an den französischen Königen vorbei, ich verfolge die Renaissance und das Mittelalter zurück und lande in der Antike. Die Säle ziehen an mir vorüber, ich begegne einigen römischen Statuen, den griechischen Vasen und den ägyptischen Sarkophagen. Ich gehe noch ein Stück weiter und trete in die Vorgeschichte ein. Ich eile die Jahrhunderte hinab und muss nach und nach alles vergessen. Muss die Zahlen vergessen, die Geometrie vergessen, die Schrift vergessen. Am Anfang wusste niemand etwas. Es gab nicht einmal etwas zu wissen.

Erster Halt ist Mesopotamien. Ich bin jetzt zehntausend Jahre zurückgegangen.

Wenn ich's mir recht überlege, hätte ich noch weiter gehen können. Eineinhalb Millionen Jahre weiter zurück bis mitten in die Altsteinzeit. In dieser Epoche ist das Feuer noch nicht gezähmt und der Homo sapiens nicht mehr als ein in der Ferne liegendes Projekt. In Asien herrscht der Homo erectus, in Afrika der Homo ergaster; vielleicht auch der eine oder andere Cousin, der noch zu entdecken ist. Es ist das Zeitalter des geschnittenen Steins. Der Faustkeil ist in Mode.

In einer Ecke des Lagerplatzes sind die Schneider an der Arbeit. Einer von ihnen nimmt sich einen Brocken jungfräulichen Feuersteins, so wie er ihn vor einigen Stunden gefunden hat. Er setzt sich auf die Erde – wahrscheinlich im Schneidersitz –, umschließt den Stein fest mit einer Hand und schlägt mit einem massiven Stein in der anderen auf den Rand. Ein erster Splitter bricht ab. Der Steinschneider betrachtet das Resultat, dreht den Feuerstein um und schlägt – nun also von der anderen Seite – ein zweites Mal darauf. Die beiden ersten auf diese Weise einander gegenüber abgeschlagenen Splitter haben einen scharfen Grat an der Kante des Feuersteins hinterlassen. Jetzt muss die Operation nur noch ringsherum wiederholt werden. An einigen Stellen ist der Feuerstein zu dick oder zu breit, und unser Steinschneider muss größere Stücke entfernen, um dem Objekt die gewünschte Form zu geben.

Die Form des Faustkeils wird nämlich weder dem Zufall noch der Eingebung des Augenblicks überlassen. Sie ist durchdacht, erarbeitet, von einer Generation an die andere weitergegeben. Zwar unterscheiden sich die Modelle, die man gefunden hat, je nach Zeit oder Ort der Herstellung: So haben einige die Form eines Wassertropfens mit vorstehender Spitze, während andere, rundere, das Profil eines Eies haben und wieder andere sich der Form eines gleichschenkligen Dreiecks mit kaum gewölbten Seiten annähern.

Aber eines haben sie alle gemeinsam: eine Symmetrieachse. Hatte diese Geometrie einen praktischen Sinn, oder war es nur eine ästhetische Intention, die unsere Vorfahren veranlasst hat, sich für diese Formen zu entscheiden? Schwer zu sagen. Sicher ist nur, dass die Symmetrie nicht das Ergebnis eines Zufalls sein kann. Der Steinschneider musste so schlagen *wollen*, wie er es tat. Musste an die

Faustkeil aus der Altsteinzeit

Form *denken*, bevor er sie dem Gegenstand geben konnte. Musste sich von diesem ein geistiges, abstraktes Bild machen. Mit anderen Worten, er musste Mathematik treiben.

Wenn der Steinschneider fertig ist, betrachtet er sein neues Werkzeug, hält es mit ausgestrecktem Arm gegen das Licht, um die Kontur besser prüfen zu können, und bessert durch zwei oder drei zusätzliche leichte Schläge einige Schliffe nach. Dann ist er zufrieden. Was empfindet er in diesem Augenblick? Hat er schon das erhebende Gefühl des wissenschaftlichen Schaffens, die reale Welt durch eine abstrakte Idee ein Stück weit begriffen und ihr Fasson gegeben zu haben? Egal. Die großen Stunden der Abstraktion haben noch nicht geschlagen. Es ist die Zeit des Pragmatismus. Der Steinschneider wird seinen Faustkeil benutzen können, um Holz oder Fleisch zu schneiden, Häute zu durchbohren oder im Boden zu graben.

Aber lassen wir diese alten Zeiten – und diese gewagten Interpretationen –, und kehren wir zurück zum wahren Ausgangspunkt unseres Abenteuers: nach Mesopotamien, ins Zweistromland des achten Jahrtausends vor unserer Zeitrechnung.

Entlang dem sogenannten Fruchtbaren Halbmond, in einem Gebiet, das ungefähr das umfasst, was eines Tages als «der Irak» bezeichnet werden wird, ist die jungsteinzeitliche Revolution im Gange: Seit einiger Zeit lässt man sich hier nieder. In den Hochebenen des Nordens ist das Sesshaftwerden ein großer Erfolg. Diese Region ist das Labor für alle Innovationen der nächsten Zeit. Die Behausungen aus Lehmziegeln – die kühnsten Erbauer setzen auf das ebenerdige sogar schon ein Stockwerk drauf – bilden die ersten Dörfer. Der Ackerbau ist eine Spitzentechnologie. Das großzügige Klima gestattet die Kultivierung des Bodens ohne künstliche Bewässerung. Tiere werden nach und nach zu Haustieren gezähmt, Pflanzen werden gezüchtet. Und nicht mehr lange, dann beginnt man zu töpfern.

Sprechen wir über das Töpfern! Denn während viele andere Zeugnisse aus diesen Epochen verloren gegangen sind, sich hoffnungslos verirrt haben im Labyrinth der Zeit, tragen die Archäologen Töpfe, Vasen, Krüge, Teller und Schalen zu Tausenden zusammen. Die Vitrinen um mich herum sind voll davon. Die ersten stammen aus der Zeit von vor neuntausend Jahren, die späteren führen uns von Saal zu Saal durch die Epochen und markieren uns den Weg wie dem Kleinen Däumling seine Kieselsteine. Es gibt sie in allen Größen und Formen und mit den verschiedensten – geritzten oder gemalten – Dekorationen. Es gibt welche mit Füßen und welche mit Henkeln. Einige sind unversehrt, andere gesprungen, zerbrochen oder aus Scherben wiederhergestellt. Von manchen sind nur vereinzelte Bruchstücke geblieben.

Die Keramik ist die erste Kunst, die vom Feuer Gebrauch macht, lange vor der Arbeit mit Bronze, Eisen oder Glas. Aus Lehm, der formbaren Paste aus Erde, die es in diesen feuchten Zonen im Überfluss gibt, können die Töpfer die Gegenstände nach Belieben formen. Anschließend brauchen sie sie nur einige Tage trocknen zu lassen und dann in einem großen Feuer zu brennen, damit sie fest werden. Die *Technik* ist damals längst bekannt. Schon zwanzigtausend Jahre zuvor hat man auf dieselbe Art kleine Figuren geschaffen. Doch erst in jüngster Zeit, mit dem Sesshaftwerden, ist man auf die Idee gekommen, so auch Gebrauchsgegenstände herzustellen.

Die neue Lebensweise erfordert Gefäße zur Vorratshaltung, also fertigt man Töpfe en masse!

Diese Gefäße aus Terrakotta setzen sich rasch als für die dörfliche Gemeinschaft unverzichtbare Gegenstände des täglichen Lebens durch. Aber wenn man schon Geschirr töpfert, das man lange benutzen will, dann soll es auch schön sein. Bald schon sind die Keramiken dekoriert. Und auch da gibt es verschiedene Schulen. Einige ritzen ihre Motive mit einer Muschel oder einem kleinen Zweig in den noch frischen Lehm. Andere brennen zuerst und ritzen ihre Dekors dann mit geschnittenen Steinen ein. Noch wieder andere bemalen die Oberfläche mit natürlichen Pigmenten.

Beim Gang durch die Säle der Abteilung für Orientalische Antike bin ich beeindruckt vom Reichtum geometrischer Motive, die der Phantasie der Mesopotamier entsprungen sind. Wie beim Faustkeil unseres Steinschneiders sind einige Symmetrien zu raffiniert, um nicht reiflich bedacht worden zu sein. Vor allem die Friese, die auf den Rändern dieser Gefäße entlanglaufen, ziehen meine Aufmerksamkeit auf sich.

Die Friese, das sind diese Bänder, auf denen sich um den ganzen Topf herum ein und dasselbe Motiv wiederholt. Zu den häufigsten gehören die, die dreieckige Sägezähne aneinanderreihen. Oft findet man auch Friese, auf denen sich zwei Schnüre umwickeln. Dann kommen die Friese mit Ähren, mit quadratischen Zinken, mit gepunkteten Rauten, mit gestrichelten Dreiecken, mit ineinandergreifenden Kreisen und so weiter.

Beim Übergang von einer Zone oder Epoche zur anderen werden Moden deutlich. Einige Motive sind sehr populär. Sie werden übernommen, umgebildet, auf mannigfache Weise verfeinert. Dann, einige Jahrhunderte später, sind sie aufgegeben, aus der Mode gekommen, durch andere, zeitgemäße Muster ersetzt.

Ich sehe sie vorbeiziehen, und meine Mathematikeraugen leuchten. Ich sehe Symmetrien, Achsendrehungen, Parallelverschiebun-

gen. Und ich fange an, im Geiste zu ordnen. Theoreme aus meiner
Studienzeit fallen mir wieder ein. Die Klassifikation der geometrischen Transformationen: Genau, die brauche ich. Ich hole ein Heft
und einen Stift hervor und fange an zu kritzeln.

Da sind zunächst die Achsendrehungen. Direkt vor mir habe ich
einen Fries aus ineinandergreifenden «S»-förmigen Motiven. Ich lege
den Kopf schräg, um mich zu vergewissern. Ja, eindeutig, dieses Band
würde sich durch eine Drehung um 180° nicht verändern: Würde
man den Krug auf den Kopf stellen, sähe der Fries genauso aus.

Dann die Symmetrien. Es gibt mehrere Typen. Ich vervollständige
nach und nach meine Liste, und eine Schatzsuche beginnt. Für jede
geometrische Transformation suche ich den entsprechenden Fries.
Ich gehe von einem Saal in den anderen und wieder zurück. Einige
Objekte sind beschädigt, und ich muss die Augen zusammenknei-
fen, um die Motive zu rekonstruieren, die vor Jahrtausenden über
diesen Ton liefen. Wenn ich eine neue Transformation gefunden
habe, hake ich sie ab. Ich schaue auf die Datierungen, um die Chronologie des erstmaligen Auftretens zu erstellen.

Wie viele verschiedene Kategorien muss ich insgesamt finden?
Mit ein bisschen Nachdenken gelingt es mir, sieben Kategorien von
Friesen und entsprechend sieben Typen geometrischer Transforma-
tionen auszumachen, die die Friese unverändert lassen würden.
Keine mehr, keine weniger.

Natürlich wussten die Mesopotamier das nicht. Schließlich wurde
die entsprechende Theorie erst seit der Renaissance formalisiert!
Dennoch waren die prähistorischen Töpfer, ohne es zu ahnen und
ohne anderen Anspruch, als ihre Tongefäße mit harmonischen und
originellen Linien zu dekorieren, drauf und dran, die allerersten

Überlegungen einer phantastischen Disziplin anzustellen, die Jahrtausende später die Mathematiker erregen sollte.

Ich schaue auf meine Notizen: Ich habe sie fast alle. Nur einer der sieben Friese fehlt mir noch. Ich habe mir Zeit gelassen, denn es ist zweifellos der komplizierteste auf der Liste. Ich suche einen Fries, der genauso aussieht, wenn man ihn auf den Kopf stellt, aber um die halbe Länge eines Motivs versetzt ist. Wir sprechen heute von «verschobener» Symmetrie. Eine echte Herausforderung für unsere Mesopotamier!

Wie gesagt, ein solcher Fries fehlt mir noch. Aber ich verliere die Hoffnung nicht, schließlich habe ich noch längst nicht alle Säle durchlaufen. Die Treibjagd geht weiter. Ich achte auf das kleinste Detail, das kleinste Indiz. Die sechs anderen Kategorien, jene, die ich schon gesehen habe, häufen sich. Die Daten, die Schemata und anderen Kritzeleien in meinem Heft geraten durcheinander. Doch noch immer kein Anzeichen von dem geheimnisvollen siebten Fries.

Plötzlich schüttet mein Körper Adrenalin aus. Ich habe hinter einer Scheibe ein Objekt von erbarmungswürdigem Aussehen, ein bloßes Bruchstück, erblickt, auf welchem untereinander vier nur teilweise erhaltene Friese gut sichtbar sind. Einer von ihnen hat sofort meine Aufmerksamkeit geweckt. Es ist der dritte von oben. Er ist aus Fragmenten von schräg gestellten Rechtecken zusammengesetzt, die denen ähneln, die in Ähren ineinandergreifen. Ich kneife die Augen zusammen, schaue genau hin und kritzle das Motiv schnell in mein Heft, als fürchtete ich, es würde vor meinen Augen in nichts vergehen. Die Geometrie ist die gesuchte. Es handelt sich um die verschobene Symmetrie. Der siebte Fries ist gefunden!

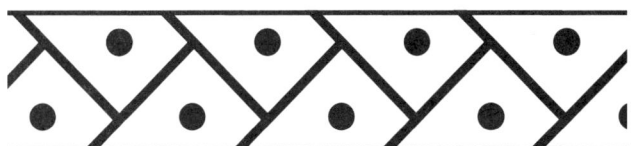

Das Kärtchen neben dem Objekt sagt: *Bruchstück eines horizontal mit Bändern und gepunkteten Rauten dekorierten Bechers – Mitte des 5. Jahrtausends v. Chr.*

Ich ordne diesen Fries in meine Chronologie ein, die ich im Kopf entworfen habe. Mitte des 5. Jahrtausends v. Chr.: Wir befinden uns immer noch in der Vorgeschichte. Ohne es zu wissen, hatten die mesopotamischen Töpfer schon mehr als tausend Jahre vor der Erfindung der Schrift sämtliche Fälle eines Theorems aufgelistet, das erst sechstausend Jahre später formuliert und demonstriert werden sollte!

Einige Säle weiter stoße ich auf einen Krug mit drei Henkeln, dessen Fries ebenfalls in die siebte Kategorie gehört: Auch wenn das Motiv spiralenartig ist, die geometrische Struktur ist dieselbe. Ein Stück weiter sehe ich noch einen Fries dieser Art. Als ich weitersuchen will, ändert sich plötzlich das Dekor. Ich befinde mich am Anfang der orientalischen Sammlungen. Wenn ich in dieser Richtung weitergehe, lande ich in Griechenland. Ich werfe einen letzten Blick auf meine Notizen: Die Friese mit verschobener Symmetrie lassen sich an den Fingern einer Hand abzählen. Mir ist warm.

Woran erkennt man die sieben Kategorien der Friese?

Die erste Kategorie ist die der Friese, die keine besondere geometrische Eigenschaft besitzen. Ihnen liegt einfach ein Motiv zugrunde, das sich ohne Symmetrien und Drehpunkte wiederholt, was insbesondere bei Friesen der Fall ist, die nicht auf geometrischen Mustern basieren, sondern auf figürlichen Motiven wie etwa Tieren.

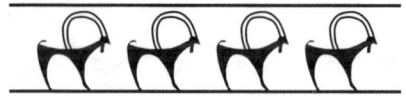

Die zweite Kategorie umfasst jene Friese, bei denen die horizontale Linie, die den Fries in zwei Teile teilt, eine Symmetrieachse ist.

Die dritte Kategorie enthält die Friese, die eine vertikale Symmetrieachse haben. Weil jedem dieser Friese ein Motiv zugrunde liegt, das sich horizontal wiederholt, wiederholt sich auch die vertikale Symmetrieachse.

Die vierte Kategorie ist die der Friese, die sich durch eine Drehung um 180° nicht verändern. Wenn Sie diese Friese auf den Kopf stellen, sehen Sie das Gleiche wie zuvor.

Die fünfte Kategorie ist die der verschobenen Symmetrien, also jene Kategorie, die ich bei den mesopotamischen Friesen als letzte entdeckt habe. Wenn Sie einen solchen Fries an einer Symmetrieachse spiegeln (an derselben wie bei der zweiten Kategorie), ihn also auf den Kopf stellen, erhalten Sie den gleichen Fries, aber um die Länge eines halben Motivs verschoben.

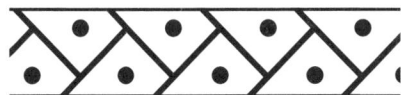

Die sechste und die siebte Kategorie basieren nicht auf neuen geometrischen Transformationen, sondern kombinieren mehrere Eigenschaften aus den ersten fünf Kategorien. So haben die Friese der sechsten Kategorie zugleich eine horizontale und eine vertikale Symmetrie und einen Drehpunkt für eine Drehung um 180°.

Zur siebten Kategorie gehören Friese, die eine vertikale Symmetrie, eine Drehung um 180° und eine verschobene Symmetrie haben.

Anzumerken ist, dass diese Kategorien sich nur auf die geometrische Struktur der Friese beziehen, Variationen in der Gestalt der Motive also nicht ausschließen. Die folgenden Friese etwa, so verschieden sie sind, gehören alle zur siebten Kategorie:

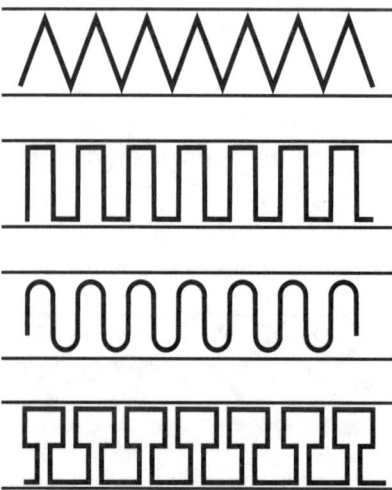

Alle Friese, die man sich vorstellen kann, gehören also einer dieser sieben Kategorien an. Jede andere Kombination ist geometrisch unmöglich. Interessanterweise sind Friese der beiden letzten Kategorien am häufigsten. Warum? Weil es einfacher ist, Figuren zu zeichnen, die viele, als solche, die nur wenige Symmetrien haben.

Tollkühn geworden durch meine mesopotamischen Erfolge, bin ich am nächsten Tag bereit, das antike Griechenland in Angriff zu nehmen. Doch kaum angekommen, weiß ich schon nicht mehr, wo mir der Kopf steht. Hier ist die Jagd auf Friese ein Kinderspiel. Ich brauche nur einige Schritte zu gehen, in einige Vitrinen zu schauen, einige schwarze Amphoren mit roten Figuren näher zu betrachten – schon habe ich meine Liste mit den sieben Friesen.

Angesichts eines solchen Überflusses verzichte ich schnell darauf, Statistiken zu führen, wie ich es in der mesopotamischen Abteilung getan habe. Die Kreativität dieser Künstler haut mich um. Neue Motive, immer komplexer und raffinierter, tauchen auf. Mehrmals muss ich haltmachen und mich konzentrieren, um diese Flechtwerke, die mich umwirbeln, nicht durcheinanderzubringen.

Auf meinem Rundgang macht mich eine Loutrophore mit roter Zeichnung sprachlos.

Eine Loutrophore ist eine lange Vase mit zwei Henkeln zum Transportieren von Badewasser. Diese hier ist fast einen Meter hoch. Sie weist zahlreiche Friese auf, unter denen ich je einen aus jeder der sieben Kategorien auszumachen versuche, und zwar in deren Reihenfolge. Eins. Zwei. Drei. Vier. Fünf. In nur wenigen Sekunden habe ich fünf der sieben geometrischen Strukturen identifiziert. Die Vase ist an der Wand befestigt, aber wenn ich mich ein wenig vorbeuge, kann ich auf der Rückseite einen Fries der sechsten Kategorie erkennen. Mir fehlt nur eine einzige Kategorie. Es wäre zu schön, wenn sich auch die auf der Vase fände! Erstaunlicherweise ist die fehlende nicht die gleiche wie in der mesopotamischen Abteilung.

Die Zeiten haben sich geändert, die Moden ebenfalls, und die Kategorie, die mir fehlt, ist nicht die verschobene Symmetrie allein, sondern die Kombination aus vertikaler Symmetrie, Drehung um 180° und verschobener Symmetrie.

Ich suche sie hektisch, ich scanne mit meinen Blicken den kleinsten Winkel des Objekts. Ich finde sie nicht. Ein bisschen enttäuscht, bin ich kurz davor aufzugeben, als meine Augen sich auf ein Detail richten. In der Mitte der Vase ist eine Szene mit zwei Figuren dargestellt. Auf den ersten Blick scheint sich an dieser Stelle kein Fries zu befinden. Doch rechts unten zieht ein Gegenstand meine Aufmerksamkeit auf sich: eine Vase, auf die sich die Hauptfigur stützt. Eine Vase auf der Vase! Die *Mise en abyme*, die Rekursion, macht mich lächeln. Ich kneife die Augen zusammen, denn das Bild ist ein bisschen schadhaft. Doch kein Zweifel, diese gezeichnete Vase trägt selbst einen Fries, und zwar, o Wunder! den, der mir fehlte!

Trotz wiederholter Bemühungen habe ich kein anderes Objekt mit dieser Besonderheit gefunden. Die Loutrophore scheint in ihrer Art einzigartig zu sein in den Sammlungen des Louvre: Sie scheint die Einzige zu sein, die alle sieben Kategorien von Friesen aufweist.

Ein Stück weiter erwartet mich eine andere Überraschung. Friese in 3D! Und ich glaubte, die Perspektive sei eine Erfindung der Renaissance! Dunkle und helle Bereiche, vom Künstler gekonnt gesetzt, bilden ein Spiel aus Licht und Schatten, das den geometrischen Formen auf diesem gigantischen Gefäß ein räumliches Aussehen verleiht.

Je weiter ich gehe, umso mehr neue Fragen stellen sich mir. Einige Stücke sind nicht von Friesen bedeckt, sondern von Pflasterungen. Mit anderen Worten, die geometrischen Motive begnügen sich nicht mehr damit, zu einem zierlichen Band gereiht um das Objekt herumzulaufen, sondern sie überwuchern schon seine ganze Oberfläche und vermehren dadurch die Möglichkeiten geometrischer Kombinationen.

Nach den Griechen kommen die Ägypter, die Etrusker und die Römer. Ich entdecke ein in Stein geschnittenes Motiv, das den Eindruck einer geklöppelten Spitze macht. Die Fäden aus Stein schlingen sich ineinander, über- und unterqueren einander abwechselnd in einem vollkommen ebenmäßigen Gewebe. Dann, als genügten die ausgestellten Arbeiten nicht mehr, ertappe ich mich dabei, den Louvre selbst zu betrachten: seine Plafonds, seine gefliesten Böden, seine Türrahmen. Auf dem Heimweg habe ich das Gefühl, nicht mehr aufhören zu können. Auf der Straße betrachte ich die Balkons der Häuser, die Motive auf der Kleidung der Passanten, die Wände der Gänge in der Metro.

Man braucht die Welt nur mit anderen Augen zu sehen, schon entdeckt man Mathematik. Die Suche ist faszinierend und kommt an kein Ende.

Das Abenteuer hat gerade erst begonnen!

2

Und es ward die Zahl

Es geht damals rasch voran in Mesopotamien. Am Ende des 4. Jahrtausends vor unserer Zeitrechnung haben sich die kleinen Dörfer, von denen die Rede war, in blühende Städte verwandelt. Einige haben mehrere zehntausend Einwohner! Die Technologien machen Fortschritte wie noch nie. Ob Architekten, Schmiede, Töpfer, Weber, Tischler oder Bildhauer, die Handwerker und Künstler müssen immer wieder von neuem ihre Findigkeit unter Beweis stellen, um die technischen Herausforderungen zu bewältigen, vor denen sie stehen. Die Metallurgie ist zwar noch nicht voll ausgereift, aber man arbeitet daran.

Nach und nach legt sich ein Wegenetz über die gesamte Region. Die kulturellen und die Handelsbeziehungen werden enger. Immer kompliziertere Hierarchien entstehen, und der Homo sapiens entdeckt die Freuden der Verwaltung. Denn all das schreit nach Organisation. Um ein bisschen Ordnung hineinzubringen, ist es höchste Zeit für unsere Spezies, die Schrift zu erfinden und in die Geschichte einzutreten. In dieser sich vorbereitenden Revolution spielt die Mathematik die Rolle der Avantgarde.

Verlassen wir, dem Lauf des Euphrat folgend, die Hochebenen im Norden, in denen die ersten Dauersiedlungen entstanden, und begeben wir uns nach Sumer in die Ebenen Niedermesopotamiens. Hier, in den Steppen des Südens, gibt es schon die ersten Ballungszentren. Wir kommen an den Städten Kisch, Nippur und Schuruppak vorbei, die alle unweit des Flusses liegen. Sie sind noch jung, aber die folgenden Jahrhunderte werden ihnen Glanz und Wohlstand bringen.

Und dann erscheint plötzlich Uruk am Horizont.

Uruk ist ein menschlicher Ameisenhaufen, der mit seiner Macht und seinem Ruhm den ganzen Nahen Osten erhellt. Erbaut hauptsächlich aus Lehmziegeln, stellt die Stadt ihre hellbraunen Farbtöne auf einer Fläche von mehr als hundert Hektar zur Schau, und ein Fußgänger, der sich verlaufen hat, kann in ihren überfüllten Gassen stundenlang unterwegs sein. Im Herzen der Stadt sind mehrere monumentale Tempel errichtet worden. Man huldigt in ihnen An, dem Vater aller Götter, vor allem aber Inanna, der Herrin des Himmels. Ihr Hauptheiligtum ist der Eanna-Bezirk, dessen größter Tempel sich auf einer Grundfläche von 80 mal 30 Metern erhebt. Eindrucksvoll für die zahlreichen Durchreisenden!

Der Sommer steht vor der Tür, und wie jedes Jahr in dieser Epoche hat eine besondere Unruhe Besitz von der Stadt ergriffen. Bald werden die Schafherden zu den Weidegründen im Norden aufbrechen, um erst am Ende der warmen Jahreszeit zurückzukehren. Mehrere Monate lang werden die Schäfer die Aufgabe haben, für den Fortbestand und die Sicherheit der Tiere zu sorgen, um sie deren Eigentümern wieder vollzählig zurückzubringen. Der Eanna-Tempel besitzt selbst mehrere Herden, von denen die größten zehntausende Köpfe zählen. Die Herden sind so riesig, dass einige von Soldaten begleitet werden, die sie vor den Gefahren der Expedition schützen sollen.

Aber natürlich lassen die Besitzer ihre Schafe nicht losziehen, ohne Vorsichtsmaßnahmen zu ergreifen. Die Abmachung mit den Schäfern ist klar: Sie müssen genauso viele Tiere zurückbringen, wie sie mitgenommen haben. Es geht nicht an, dass sie einen Teil der Herde sich verlaufen lassen oder gar einige Schafe unter der Hand eintauschen.

Damit ergibt sich ein Problem: Wie kann man die Größe der Herde, die losgezogen ist, mit der Größe der Herde vergleichen, die zurückgekehrt ist?

Um diese Frage zu beantworten, hat man schon vor Jahrhunderten ein System mit Zählsteinen aus Ton entwickelt. Es gibt mehrere Typen von Zählsteinen, von denen jeder, je nach Form und eingeritztem Motiv, für ein oder mehrere Objekte oder Tiere steht. Für ein Schaf steht eine einfache Scheibe mit einem Kreuz darauf. Bei der Abreise hinterlassen die Schäfer in einem Gefäß eine Anzahl von Zählsteinen, die der Größe der Herde entspricht. Bei der Rückkehr genügt es, die Größe der Herde mit dem Inhalt des Gefäßes zu vergleichen, um festzustellen, ob Tiere fehlen oder nicht. Viel später wird ein solcher Zählstein den lateinischen Namen *calculus*, «kleiner Kieselstein», erhalten, von dem das Wort *Kalkül* abgeleitet ist.

Die Methode ist praktisch, hat aber einen Nachteil: Wirft sie doch die Frage auf, wer auf die Zählsteine aufpasst. Denn *beide* Seiten sind misstrauisch, und die Schäfer können ihrerseits befürchten, dass während ihrer Abwesenheit von skrupellosen Eigentümern einige Zählsteine zusätzlich in die Urne geworfen werden. Könnten jene doch Schadensersatz für Schafe fordern, die es nie gegeben hat!

Man sucht, man zerbricht sich den Kopf, und schließlich findet man eine Lösung: Die Zählsteine werden in einer versiegelten hohlen Kugel aus Ton aufbewahrt. Wenn diese Bulle verschlossen wird, setzt jeder seine Unterschrift auf die Oberfläche. Von nun an ist es unmöglich, die Anzahl der Zählsteine zu verändern, ohne die Bulle zu zerbrechen. Die Schäfer können beruhigt losziehen.

Doch jetzt sind es wieder die Eigentümer, die Nachteile bemerken. Denn für ihre Geschäfte müssen sie jederzeit die Anzahl der Tiere in ihren Herden kennen. Wie soll das möglich sein? Können sie sich die Anzahl der Schafe merken? Natürlich nicht, wenn man weiß, dass die Sprache der Sumerer noch keine Wörter für so große Zahlen hat. Sollen sie sich ein nicht versiegeltes Gefäß mit je einem zweiten Exemplar der in allen Bullen enthaltenen Zählsteine zulegen? Nicht sehr praktisch.

Schließlich findet man eine Lösung. Man ritzt mit einem aus Schilfrohr geschnittenen Stift in die Oberfläche jeder Bulle die Muster der sich darin befindenden Zählsteine. So ist es jederzeit möglich, den Inhalt der Bulle in Erfahrung zu bringen, ohne sie zu zerbrechen.

Diese Methode scheint von nun an alle zu befriedigen. Sie wird universell verwendet, nicht nur, um Schafe zu zählen, sondern um *alle* Arten von Abmachungen zu besiegeln, wobei die Getreide (etwa Gerste oder Saatweizen), die Wolle und die Spinnstoffe, das Metall, die Schmucksachen, die Edelsteine, das Öl und die Tongefäße ihre eigenen Zählsteine haben. Auch über die Steuern wird mit Zählsteinen Buch geführt. Kurzum, am Ende des 4. Jahrtausends muss in Uruk jeder formgerechte Vertrag mit einer Bulle besiegelt werden, die Zählsteine aus Ton enthält.

All das funktioniert wunderbar, und eines Tages kommt man auf eine brillante, zugleich geniale und doch so einfache Idee, dass man sich fragt, warum sie einem nicht schon früher eingefallen ist. Da die Anzahl der Tiere ja auf der Oberfläche der Bulle vermerkt ist, wozu dann weiter Zählsteine hineinwerfen? Und wozu weiter Bullen töpfern? Man könnte doch einfach die Bilder der Zählsteine in ein beliebiges Stück Ton ritzen. Zum Beispiel in eine flache Tafel.

Und würde dieses Verfahren als Schreiben bezeichnen.

Ich befinde mich wieder im Louvre. Die Sammlungen der Abteilung «Alter Orient» legen von der Geschichte, die ich in aller Kürze erzählt habe, Zeugnis ab. Was mich angesichts der besagten Bullen als Erstes erstaunt, sind ihre Abmessungen. Diese kleinen Kugeln aus Ton, die die Sumerer einfach mit ihrem Daumen ausformten, sind kaum größer als Pingpongbälle. Und die Zählsteine messen in Länge und Breite nicht mehr als einen Zentimeter.

Etwas weiter stoße ich auf die ersten Tafeln. Es werden rasch mehr, und bald füllen sie ganze Vitrinen. Die Schrift wird allmählich genauer, und die kleinen Einkerbungen in Form von Nägeln nehmen Keilform an. Nach dem Verschwinden der ersten Zivilisationen Mesopotamiens vor etwa zweitausend Jahren schliefen die meisten dieser Fundstücke jahrhundertelang unter den Ruinen verlassener Städte, bis sie ab dem 17. Jahrhundert von europäischen Archäologen ausgegraben wurden. Nach und nach entziffert wurden sie erst im Laufe des 19. Jahrhunderts.

Auch diese Tafeln sind nicht sehr groß. Einige haben nur das Format von Visitenkarten, sind aber von hunderten dicht gedrängten winzigen Zeichen bedeckt. Auch nur die kleinste Fläche Ton zu verschenken, kam für die mesopotamischen Schreiber nicht in Frage. Dank der Kärtchen, die sich im Louvre neben den Ausstellungsstücken befinden, weiß ich, was die rätselhaften Symbole bedeuten. Es geht um Vieh, um Schmuckstücke und um Getreide.

Neben mir machen Touristen Fotos – mit ihren Tablets, deren Gestalt an die alten Tafeln erinnert. Wie unheimlich, dieses Augenzwinkern der Geschichte, die der Schrift so viele verschiedene Unterlagen beschert hat, vom Ton über den Marmor, das Wachs, den Papyrus und das Pergament bis zum Papier, um in einer letzten, ironischen Wendung den elektronischen Tablets die Form ihrer Vorläufer aus Erde zu geben! Die Konfrontation der beiden Gegenstände hat etwas sehr Bewegendes. Wer weiß, ob sich diese beiden Erscheinungsformen von Tafeln nicht in fünftausend Jahren nebeneinander, auf derselben Seite der Vitrine, wiederfinden werden!

Viel Zeit ist vergangen – wir befinden uns am Beginn des dritten vorchristlichen Jahrtausends. Eine weitere Etappe liegt hinter uns: Die Zahl hat sich von den Dingen befreit, die sie zählt! Vorher, bei den Bullen und den allerersten Tafeln, standen die Zählsymbole in einem Bezug zu den Dingen, um die es ging. Ein Schaf ist keine Kuh, daher war das Symbol zum Zählen von Schafen nicht dasselbe wie das zum Zählen von Kühen. Jedes Ding, das gezählt werden konnte, hatte sein eigenes Symbol, wie es seine eigenen Zählsteine gehabt hatte.

Aber all das gehört jetzt der Vergangenheit an. Die Zahlen haben ihre eigenen Symbole erhalten. Im Klartext: Die Anzahl von acht

Schafen stellt man nicht mehr mit acht Schafsymbolen dar, sondern man schreibt die Zahl Acht und setzt ein Schafsymbol dahinter. Um die Anzahl von acht Kühen darzustellen, braucht man nur das Schafsymbol durch das Kuhsymbol zu ersetzen. Die geschriebene Zahl bleibt die gleiche.

Dieser Schritt in der Geschichte des Denkens ist von absolut fundamentaler Bedeutung. Gälte es, ein Datum für die Geburt der Mathematik zu nennen, so würde ich mich ohne Zweifel für diesen Augenblick entscheiden, in dem die Zahl *an und für sich* zu existieren beginnt, weil sie sich vom Realen gelöst hat, um es von oben zu betrachten. Alles davor war Vorbereitung. Faustkeile, Friese und Zählsteine waren nur gleichsam Vorspiele zu dieser Geburt der Zahl.

Die Zahl ist jetzt auf die Seite der Abstraktion übergegangen, und eben das macht die Identität der Mathematik aus: Die Mathematik ist die Wissenschaft der Abstraktion par excellence. Die Gegenstände der Mathematik haben keine physische Existenz. Sie sind nicht materiell, nicht aus Atomen gemacht. Sie sind nur Ideen. Doch von welch furchterregender Effizienz sind diese Ideen für das Begreifen der Welt!

Es ist wahrscheinlich kein Zufall, dass die Notwendigkeit, Zahlen zu schreiben, an diesem Punkt für die Herausbildung der Schrift entscheidend wurde. Denn während andere Vorstellungen problemlos mündlich übermittelt werden konnten, scheint es schwierig, ein Zahlensystem einzuführen, ohne den Weg einer geschriebenen Notation zu beschreiten.

Können denn *wir* heute die Vorstellungen, die wir uns von den Zahlen machen, von deren Schriftform trennen? Wenn ich Sie bitte, sich ein Schaf vorzustellen, was sehen Sie dann? Sie stellen sich vermutlich ein blökendes vierbeiniges Tier mit Wolle auf dem Rücken vor. Es käme Ihnen nicht in den Sinn, sich die fünf Buchstaben des Wortes «Schaf» vorzustellen. Aber wenn ich Ihnen jetzt die Zahl Hundertachtundzwanzig nenne, was sehen Sie dann? Ist es nicht so, dass die 1, die 2 und die 8 vor Ihrem geistigen Auge Form annehmen und sich verketten, als wären sie mit der unsichtbaren Tinte Ihrer Gedanken geschrieben? Die geistige Vorstellung, die wir uns von großen Zahlen machen, scheint unlösbar an deren Schriftform gebunden.

Während die Schrift bei allen anderen Dingen nur überträgt, was schon in der gesprochenen Sprache existiert, drückt sie bei den Zahlen der gesprochenen Sprache ihren Stempel auf. Wenn Sie «Hundertachtundzwanzig» sagen, tun Sie nichts anderes, als «128» zu lesen: «100, 8 und 20». Oberhalb einer bestimmten Schwelle wird es unmöglich, von den Zahlen zu sprechen, ohne sich auf die Schrift zu stützen. Bevor sie geschrieben wurden, gab es für die großen Zahlen keine Wörter.

Es gibt heute noch indigene Völker, die zur Bezeichnung der Zahlen nur sehr wenige Wörter haben. So zählen die Angehörigen des Stammes der Pirahã, Jäger und Sammler, die an den Ufern des Rio Maici in Amazonien leben, nur bis zwei. Für alles darüber hinaus gebrauchen sie ein und dasselbe Wort mit der Bedeutung «mehrere» oder «viele». Die ebenfalls in Amazonien lebenden Munduruku haben nur Wörter für die Zahlen bis fünf, das heißt für eine Handvoll.

In unseren modernen Gesellschaften sind die Zahlen in den Alltag eingedrungen. Sie sind so allgegenwärtig und unverzichtbar geworden, dass man oft vergisst, wie genial die Idee war und dass unsere Vorfahren Jahrhunderte gebraucht haben, um das zu schaffen, was sich von selbst zu verstehen scheint.

Im Laufe der Jahrtausende sind zahlreiche Verfahren, Zahlen zu schreiben, erfunden worden. Die einfachste besteht darin, so viele Zeichen zu notieren, wie der gewünschten Zahl entsprechen. Kleine Striche hintereinander beispielsweise. Dieser Methode bedienen wir uns oft noch heute: etwa um in einem Spiel die Punkte zu zählen.

Die älteste bekannte Spur, die, wie man annimmt, vom Gebrauch dieses Verfahrens zeugt, stammt aus einer Zeit weit vor der Erfindung der Schrift durch die Sumerer. Die sogenannten Ishango-Knochen wurden in den 1950er Jahren am Ufer des Eduardsees in der heutigen Demokratischen Republik Kongo gefunden und werden auf ein Alter von etwa zwanzigtausend Jahren geschätzt! Das Besondere an den 10 und 14 Zentimeter langen Knochen sind die vielen Einkerbungen in mehr oder minder gleichen Abständen. Welche Bedeutung mögen diese Kerben gehabt haben? Man vermutet, dass sie ein erstes Zählsystem repräsentierten. Einige Forscher sehen darin einen Kalender, während andere auf schon weit fortgeschrittene arithmetische Kenntnisse schließen. Es ist schwer, Genaues zu sagen. Die beiden Knochen sind gegenwärtig im Museum für Naturwissenschaften in Brüssel zu sehen.

Diese Zählmethode, bei der man für jede zusätzliche Einheit eine Markierung hinterlässt, kommt an ihre Grenzen, wenn es notwendig wird, mit relativ großen Zahlen umzugehen. Um schneller voranzukommen, fängt man daher an, Pakete zu packen!

Die Zählsteine der Mesopotamier konnten bereits größere Einheiten darstellen. Beispielsweise gab es einen Zählstein für die Darstellung von zehn Schafen. Beim Übergang zur Schrift wurde dieses Prinzip beibehalten. So hat man Symbole zur Bezeichnung von 10, 60, 600, 3600 und 36 000 Einheiten gefunden.

| 1 | 10 | 60 | 600 | 3600 | 36000 |

Deutlich erkennbar ist die Suche nach einer Logik in der Konstruktion der Symbole. So werden die 60 und die 3600 dadurch mit 10 multipliziert, dass man ins Innere des Symbols einen Kreis wie den setzt, der für die 10 steht. Nach dem Aufkommen der Keilschrift verändern sich diese ersten Symbole nach und nach.

| 1 | 10 | 60 | 600 | 3600 | 36000 |

Das unweit Mesopotamien gelegene Ägypten zögert nicht, die Schrift zu übernehmen, und entwickelt ab dem Beginn des 3. Jahrtausends seine eigenen Zahlsymbole.

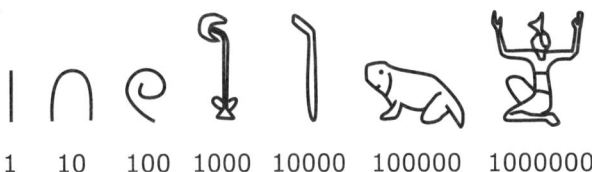

| 1 | 10 | 100 | 1000 | 10000 | 100000 | 1000000 |

Das System ist jetzt rein dezimal: Ab dem zweiten Symbol steht jedes für einen Wert, der das Zehnfache des vorigen bezeichnet.

Diese additiven Systeme, bei denen es genügt, die Werte der geschriebenen Symbole zusammenzuzählen, werden so erfolgreich sein, dass in der Antike und teilweise noch im Mittelalter eine Vielzahl von Varianten entstehen. Gebrauch machen von ihnen vor allem die Griechen und Römer, die sich damit begnügen, Buchstaben ihrer Alphabete als Zahlsymbole zu verwenden.

Neben den additiven Systemen kommen nach und nach neue Formen der Notation von Zahlen auf: die sogenannten Stellenwertsysteme. In ihnen richtet sich der Wert eines Symbols nach der Stelle, an der es innerhalb der Zahl steht. Und einmal mehr sind die Mesopotamier die Vorreiter.

Im 2. Jahrtausend vor unserer Zeitrechnung geht die stärkste Ausstrahlung im Nahen Osten von der Stadt Babylon aus. Für die Bezeichnung von Zahlen ist zwar nach wie vor die Keilschrift in Mode, doch macht man jetzt nur noch von zwei Symbolen Gebrauch: vom einfachen Nagel, der für 1, und einer Art Winkelsymbol, das für 10 steht.

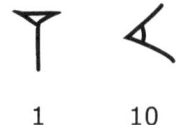

1   10

Durch das eventuell mehrfache Hintereinanderschreiben dieser beiden Zeichen können alle Zahlen bis 59 notiert werden. Die Zahl 32 etwa wird durch drei Winkelsymbole, gefolgt von zwei Nägeln geschrieben.

32

Für die Zahlen ab 60 bildet man Gruppen – 60er-Gruppen –, und zwar mit denselben Symbolen. Analog zu unserer heutigen Notation, in der die Ziffern, von rechts nach links gelesen, zuerst die Einer, dann die Zehner, dann die Hunderter bezeichnen, liest man in diesem babylonischen Zählsystem zuerst die Einer, dann die Sechziger, dann die Dreitausendsechshunderter (das heißt sechzig Sechziger) und so weiter, so dass jede Stelle den sechzigfachen Wert der vorigen hat.

Die Zahl 145 zum Beispiel wird aus zwei Sechzigern gebildet, die einhundertzwanzig ergeben, und aus fünfundzwanzig Einern. Die Babylonier hätten das so notiert:

2 Sechziger   25 Einer

145

Dieses System befähigt die babylonischen Gelehrten zum Erwerb erstaunlicher Kenntnisse. Selbstverständlich beherrschen sie die vier Grundrechenarten Addition, Subtraktion, Multiplikation und Division, aber sie kennen auch die Quadratwurzeln, die Potenzen und die Kehrwerte. Sie stellen nicht nur vollständige arithmetische Tabellen auf, sondern auch Gleichungen, für deren Lösung sie drei geeignete Methoden entwickeln.

Doch all diese Kenntnisse werden bald vergessen sein. Die babylonische Zivilisation befindet sich im Niedergang, und ein Großteil ihrer höheren Mathematik wird in der Versenkung verschwinden. Schluss mit dem Stellenwertsystem. Schluss mit den Gleichungen. Jahrhunderte werden vergehen, bis diese Fragen wieder aktuell sind, und erst im 19. Jahrhundert wird die Entzifferung der Keilschrifttafeln uns verraten, dass die Mesopotamier sie schon beantwortet hatten – früher als alle anderen.

Nach den Babyloniern werden die Mayas ein Stellenwertsystem ersinnen, aber auf der Grundlage von 20. Dann werden die Inder ein System auf der Grundlage von 10 erfinden. Dieses werden die arabischen Gelehrten aufgreifen und am Ausgang des Mittelalters Europa überliefern. Die Symbole werden hier den

Namen «arabische Ziffern» erhalten und anschließend die ganze Welt erobern.

0 1 2 3 4 5 6 7 8 9

Mit den Zahlen hat die Menschheit, wie sie nach und nach erkennt, ein Instrument erfunden, das all ihre Hoffnungen, die sie umgebende Welt beschreiben, zergliedern und begreifen zu können, übertrifft.

Man ist mit ihnen so zufrieden, dass man manchmal in ihrem Gebrauch zu viel des Guten tut. Die Geburt der Zahlen ist auch die Geburt diverser numerologischer Praktiken. Man schreibt den Zahlen magische Eigenschaften zu, man überinterpretiert sie, man versucht, aus ihnen die Botschaften der Götter und das Schicksal der Welt herauszulesen.

Im 6. Jahrhundert v. Chr. macht Pythagoras sie zum Grundbegriff seiner Philosophie. «Alles ist Zahl», erklärt der griechische Gelehrte. Ihm zufolge bringen die Zahlen die geometrischen Figuren hervor, die ihrerseits die vier Elemente der Materie, also Feuer, Wasser, Luft und Erde, erschaffen, aus denen sich alles Seiende zusammensetzt. Pythagoras entwirft auf diese Weise ein ganzes System um die Zahlen herum. Die ungeraden sind mit dem Männlichen, die geraden mit dem Weiblichen assoziiert. Die als Dreieck dargestellte Zahl 10 wird als Tetraktys bezeichnet und zum Symbol für die Harmonie und die Vollkommenheit des Kosmos. Die Pythagoreer erfinden auch die Arithmantik, die die Charaktere der Menschen aus deren Namen herauslesen zu können beansprucht, indem sie den Buchstaben Zahlenwerte zuweist.

Parallel dazu kommen Diskussionen über die Frage auf, was eine Zahl sei. Einige Autoren behaupten, die 1 sei noch keine Zahl, da jede Zahl eine Vielheit bezeichne, so dass die erste, kleinste Zahl die 2 sei. Auch wird die These vertreten, die 1 müsse gleichzeitig gerade und ungerade sein, um alle anderen Zahlen hervorbringen zu können.

Später werden die Null, die negativen und die imaginären Zahlen immer hitzigere Diskussionen aufkommen lassen. Stets wird der Eintritt dieser neuen Ideen in den Kreis der Zahlen für Debatten sorgen und die Mathematiker nötigen, ihre Konzepte zu erweitern.

Kurzum, die Zahl hat nicht aufgehört, Fragen aufzuwerfen, und die Menschen werden noch einige Zeit brauchen, um diese merkwürdigen, ihren Gehirnen entsprungenen Kreaturen beherrschen zu lernen.

3

«Kein der Geometrie Unkundiger trete hier ein»

Nachdem die Zahl erfunden ist, beeilt sich die Mathematik, zu mehr als nur *einer* Disziplin zu werden. Mehrere Teilgebiete, wie die Arithmetik, die Logik und die Algebra, keimen nach und nach in ihr auf und entwickeln sich, bis sie, zur Reife gekommen, sich als eigenständige Disziplinen behaupten.

Einer von ihnen gelingt das schneller als den anderen: der Geometrie. Sie zieht die größten Gelehrten der Antike in ihren Bann und sichert den ersten Stars der Mathematik, wie Thales, Pythagoras und Archimedes, deren Namen noch heute durch unsere Lehrbücher geistern, ihr Renommee.

Doch bevor große Denker sie zu ihrer Sache machen, verdient sie sich ihre ersten Meriten im Gelände, auf Grund und Boden. Wie die Etymologie des Wortes bezeugt, ist sie vor allem die Wissenschaft von der Vermessung der Erde, und die ersten Landvermesser sind Mathematiker der näheren Umgebung. Die Probleme der Aufteilung des Territoriums gehören zu den Klassikern des Genres. Wie teilt man ein Feld in gleiche Teile? Wie berechnet man den Preis für ein Grundstück auf der Basis von dessen Fläche? Welche dieser beiden Parzellen liegt dem Fluss näher? Wo muss der geplante Kanal verlaufen, wenn er so kurz sein soll wie möglich?

All diese Fragen sind für die Gesellschaften der Antike, in denen sich die Wirtschaft noch im Wesentlichen um die Landwirtschaft und damit um die Aufteilung des Bodens dreht, von kapitaler Bedeutung. Für ihre Beantwortung entwickelt sich ein geometrisches Wissen, das von Generation zu Generation weitergegeben wird. Die über dieses Wissen verfügen, haben eine wichtige Funktion in der Gesellschaft; ohne sie geht es nicht.

Für diese Messfachleute ist das Seil oft das allererste Werkzeug der Geometrie. In Ägypten ist Seilspanner ein eigenständiger Beruf. Wenn die Hochwasser des Nil wieder einmal zu Überschwemmungen geführt haben, ruft man diese Leute, damit sie die Grenzen der am Fluss liegenden Parzellen neu abstecken. Ausgehend von dem, was man weiß über das Terrain, rammen sie ihre Pflöcke in den Boden, spannen ihre langen Seile über die Felder und machen die Berechnungen, die es ermöglichen, die von den Fluten verwischten Grenzen wiederzufinden.

Auch wenn ein Bauwerk errichtet werden soll, kommen sie als Erste: um auf der Grundlage der Pläne des Architekten genau den künftigen Standort des Baus zu markieren. Wenn es sich um einen Tempel oder ein bedeutsames Denkmal handelt, spannt manchmal der Pharao persönlich das erste Seil.

Das Seil ist das All-in-one-Werkzeug der Geometrie. Die Landvermesser benutzen es als Lineal, als Zirkel und als Winkelmaß.

Als Lineal ist es leicht zu verwenden: Wenn Sie das Seil zwischen zwei Festpunkten spannen, erhalten Sie eine gerade Linie. Und wenn Sie ein unterteiltes Lineal haben wollen, brauchen Sie nur in gleichen Abständen Knoten in Ihr Seil zu machen. Als Zirkel ist das Seil genauso leicht zu gebrauchen: Binden Sie einfach eines der beiden Enden an einen Pflock und gehen Sie mit dem anderen so um den Pflock herum, dass es in der Erde eine Spur hinterlässt. Was erhalten Sie? Einen Kreis! Und wenn Ihr Seil unterteilt ist, bekommen Sie auch den gewünschten Radius des Kreises einwandfrei hin.

Beim Seil als Winkelmaß ist es ein bisschen komplizierter. Verweilen wir einen Augenblick bei der folgenden Aufgabe: Wie helfen Sie sich, wenn es darum geht, einen rechten Winkel zu zeichnen? Mit ein wenig Nachdenken kommt man auf mehrere Möglichkeiten. Wenn Sie beispielsweise zwei sich schneidende Kreise zeichnen, dann steht die gerade Linie, die die beiden Mittelpunkte verbindet, senkrecht zu der geraden Linie, die durch die beiden Schnittpunkte geht. Schon haben Sie Ihren rechten Winkel!

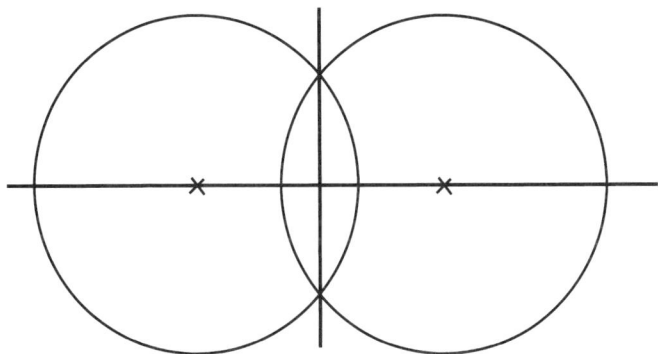

In der Theorie funktioniert das perfekt, doch in der Praxis ist es umständlich. Stellen Sie sich Landvermesser vor, die jedes Mal, wenn sie einen rechten Winkel brauchen oder einfach prüfen wollen, ob ein schon konstruierter Winkel ein rechter ist, im Gelände mit großer Genauigkeit zwei große Kreise ziehen müssen! Dieses Verfahren wäre sehr zeitaufwendig.

Daher bedienen sich die Landvermesser einer anderen, einer subtileren und praktischeren Methode: Sie bilden mit ihrem Seil ein Dreieck, das einen rechten Winkel enthält. Ein solches Dreieck wird als rechtwinkliges Dreieck bezeichnet. Das berühmteste seiner Art ist das 3-4-5: Wenn Sie ein durch dreizehn Knoten in zwölf gleiche Teilstücke unterteiltes Seil zur Hand nehmen, können Sie ein Dreieck bilden, dessen Seiten 3, 4 und 5 Teilstücke lang sind. Und wie durch Magie ist der Winkel, den die 3 und 4 Teilstücke langen Seiten bilden, ein perfekter rechter.

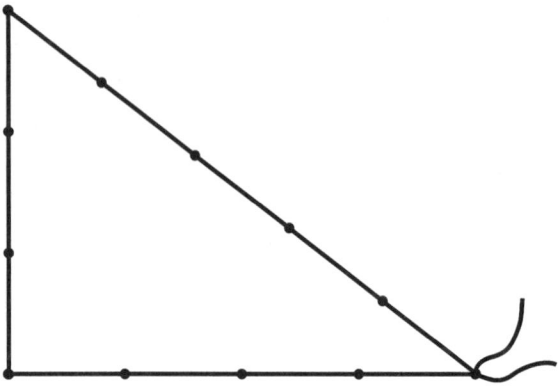

Die Babylonier hatten schon vor viertausend Jahren Zahlentabellen, mit denen man rechtwinklige Dreiecke konstruieren konnte. Die Tafel Plimpton 3-2-2, die sich gegenwärtig in den Sammlungen der Universität Columbia in New York befindet und auf etwa 1800 vor unserer Zeitrechnung datiert wird, enthält eine Tabelle mit fünfzehn Dreiergruppen solcher Zahlen. Außer dem 3-4-5 sind in ihr vierzehn weitere Dreiecke aufgeführt, von denen einige, etwa das 65-72-97 oder das 1679-2400-2929, sehr viel komplexer sind. Abgesehen von einigen kleinen Fehlern – Rechen- oder Schreibfehlern – sind die Dreiecke der Plimpton-Tafel sehr präzis entworfen: Alle haben einen rechten Winkel!

Seit wann die babylonischen Landvermesser von ihren Kenntnissen in Bezug auf rechtwinklige Dreiecke im Gelände Gebrauch gemacht haben, lässt sich schwer genau sagen. Gewiss ist jedoch, dass dieser Gebrauch das Verschwinden ihrer Zivilisation weit überdauert hat. So war das auch als «Druidenseil» bezeichnete Seil mit dreizehn Knoten im Mittelalter ein wichtiges Werkzeug für die Erbauer der Kathedralen.

Wenn wir durch die Geschichte der Mathematik reisen, stellen wir nicht selten fest, dass ähnliche Begriffe unabhängig voneinander Tausende von Kilometern voneinander entfernt und in völlig verschiedenen kulturellen Kontexten aufgetaucht sind. Eine dieser merkwürdigen Koinzidenzen ist die erstaunliche Tatsache, dass die chinesische Kultur im Laufe des 1. Jahrtausends vor unserer Zeitrechnung ein umfassendes mathematisches Knowhow entwickelt hat, das den Entdeckungen der babylonischen, der ägyptischen und der griechischen Kultur derselben Epoche entspricht.

Diese Kenntnisse sind im Laufe von Jahrhunderten erworben worden, bevor sie unter der Han-Dynastie vor ungefähr zweitausendzweihundert Jahren in einem der ersten großen mathematischen Werke der Welt, den *Neun Büchern arithmetischer Technik*, zusammengefasst wurden.

Das erste dieser neun Bücher ist ganz dem Studium der Vermessung der Flächen von Feldern verschiedener Form gewidmet. Minutiös werden die Verfahren zur Berechnung des Flächeninhalts von Rechtecken, Dreiecken, Trapezen, Kreisscheiben, Scheibenabschnitten und Ringen dargestellt. Das neunte und letzte Buch des Werkes befasst sich mit dem Studium rechtwinkliger Dreiecke. Raten Sie mal, von welcher Figur bereits im allererersten Satz die Rede ist. Richtig, von 3-4-5!

So sind sie, die brillanten Ideen. Sie scheren sich nicht um kulturelle Unterschiede, sondern erblühen spontan überall dort, wo menschlicher Geist bereit ist, sie zu pflücken.

Einige Aufgaben aus der Epoche

Die Fragen der Feldvermessung – allgemeiner: der Raumordnung – und der Architektur haben die Gelehrten der Antike veranlasst, sich mit vielfältigen geometrischen Aufgaben zu beschäftigen, von denen hier einige beispielhaft erwähnt seien.

Die folgende, der babylonischen Tafel BM 85 200 entnommene Textaufgabe zeigt, dass die Babylonier sich nicht nur mit ebener Geometrie befassten, sondern auch über den Raum nachdachten.

Ein Keller. Was die Länge ist, ist auch die Tiefe. 1 [als] Volumen habe ich ausgegraben. Querschnitt und Volumen habe ich addiert; 1;10. Länge und Breite 0;50. Länge, Breite ist was?[1]

Sie sehen, die Mathematiker von Babylon schrieben eine Art Telegrammstil. Ausführlicher könnte dieselbe Textaufgabe so lauten:

Die Tiefe eines Kellers ist zwölfmal so groß[2] *wie seine Länge. Wenn ich den Keller aushebe, so dass er eine Einheit tiefer ist, ist sein Volumen 7/6-mal so groß. Wenn ich die Länge und die Breite addiere, erhalte ich 5/6.*[3] *Welche Abmessungen hat der Keller?*

Der Aufgabe folgen die detaillierte Darstellung der Lösungsmethode und die Lösung selbst: Die Länge misst 1/2, die Breite 1/3 und die Tiefe 6.

Machen wir jetzt eine kleine Fahrt am Nil entlang. Natürlich stößt man bei den Ägyptern auf Aufgaben, die mit Pyramiden zu tun haben. Die folgende Textaufgabe ist dem berühmten Papyrus Rhind des Schreibers Ahmose entnommen und wird auf die erste Hälfte des 16. Jahrhunderts vor unserer Zeitrechnung datiert.

---

1 Vgl. Otto Neugebauer, *Mathematische Keilschrift-Texte. Mathematical Cuneiform Texts*. Reproduktion der Ausgabe Berlin 1935. Berlin (Springer) 1973. Bd. 1, S. 200; Übersetzung modifiziert.

2 Die Textaufgabe scheint zu besagen, dass Länge und Tiefe gleich seien, doch werden die Tiefen im babylonischen System mit einer Einheit gemessen, die zwölfmal so groß ist wie die der Längen.

3 Anzumerken ist auch, dass die Angabe «1;10» im auf 60 basierenden System «eins plus zehn Sechzigstel» bedeutet, also 7/6 nach unserem heutigen System. Entsprechend bedeutet «;50» «fünfzig Sechzigstel», also 5/6.

Wie hoch ist eine Pyramide, deren Seitenlänge an der Basis 140 Ellen und deren Steigung[4] 5 Palmen und 1 Finger beträgt?

Elle, Palme und Finger sind Maßeinheiten, die 52,5, 7,5 und 1,88 Zentimetern entsprechen. Ahmose gibt selbst die Lösung: 93 1/3 Ellen. Auf demselben Papyrus versucht sich der Schreiber auch an der Geometrie des Kreises:

Rechenbeispiel für ein rundes Feld mit einem Durchmesser von 9 chet. Wie groß ist seine Fläche?

Das *chet* ist eine Maßeinheit, die einer Länge von ungefähr 52,5 Metern entspricht. Damit die Aufgabe gelöst werden kann, behauptet Ahmose, die Fläche des kreisförmigen Feldes entspreche der eines quadratischen Feldes mit einer Seitenlänge von 8 chet. Der Vergleich ist überaus nützlich, da es viel einfacher ist, die Fläche eines Quadrats zu berechnen als die eines Kreises. Ahmose kommt auf 8 × 8 = 64. Die Mathematiker nach ihm werden jedoch entdecken, dass das nicht auch die Fläche des Kreises ist. Die Flächen des Quadrats und des Kreises sind nicht genau gleich groß. Viele werden später diese Frage zu beantworten versuchen: Wie konstruiert man ein Quadrat, dessen Fläche gleich der eines Kreises ist? Und sie werden sich daran die Zähne ausbeißen. Ohne es zu wissen, war Ahmose einer der Ersten, die die härteste mathematische Nuss aller Zeiten zu knacken versuchten: die Quadratur des Kreises!

---

4 Die Steigung einer Pyramidenseite, die auf Ägyptisch als *seked* bezeichnet wird, entspricht dem horizontalen Abstand zwischen zwei Punkten, die in der Höhe eine Elle auseinanderliegen.

Auch in China versucht man, die Fläche kreisförmiger Felder zu berechnen. Die folgende Aufgabe ist dem ersten der *Neun Bücher* entnommen:

Jetzt hat man ein rundes Feld; der Umfang [ist] 30 pu, der Durchmesser 10 pu. Wie groß ist das Feld?[5]

Ein *pu* entspricht ungefähr 1,4 Metern. Doch wie die ägyptischen, so kommen auch die chinesischen Mathematiker mit dem Kreis nicht zurande. Sie wissen zwar, dass diese Textaufgabe falsche Maße angibt, weil ein Kreis mit einem Durchmesser von 10 einen Umfang von etwas mehr als 30 hat. Aber das hindert die chinesischen Gelehrten nicht, einen Näherungswert für die Fläche anzugeben (nämlich 75 pu). Anschließend gehen sie sogar zu – noch komplizierteren – Kreisringaufgaben über!

Jetzt hat man ein Feld [in Form eines] Ringes. Der innere Umfang [ist] 92 pu, der äußere Umfang 122 pu; die Ringbreite [ist] 5 pu. Die Frage ist: Wie groß ist das Feld?[6]

Man darf bezweifeln, dass es im antiken China Felder in Form von Kreisringen gab, und darf vermuten, dass die Gelehrten im Reich der Mitte, fasziniert von geometrischer Spielerei, sich Aufgaben wie die letzte aus purer Freude an der theoretischen Herausforderung gestellt haben. Nach immer unwahrscheinlicheren und wunderlicheren geometrischen Figuren zu suchen, um sie zu studieren und zu begreifen, ist auch für unsere heutigen Mathematiker noch ein beliebter Zeitvertreib.

---

5   Kurt Vogel, *Neun Bücher arithmetischer Technik. Ein chinesisches Rechenbuch für den praktischen Gebrauch aus der frühen Hanzeit (202 v. Chr. bis 9 n. Chr.).* Übersetzt und erläutert von Kurt Vogel. Braunschweig (Vieweg) 1968, S. 14; Übersetzung modifiziert.
6   Ebd., S. 15; Übersetzung modifiziert. Übrigens, die Antwort lautet: 2 mou, 55 pu (1 mou = 240 pu).

Zu den Berufen, die in der Antike mit Geometrie zu tun haben, muss auch der des Bematisten gerechnet werden. Während die Landvermesser und andere Seilspanner Felder und Bauwerke vermessen, sehen die Bematisten die Dinge globaler. Diese Männer haben in Griechenland die Aufgabe, durch Zählen ihrer Schritte weite Entfernungen zu messen.

Manchmal führt ihre Mission sie in die Ferne, weit weg von zuhause. Etwa jene Bematisten, die Alexander der Große im 4. Jahrhundert vor unserer Zeitrechnung auf seinem Asienfeldzug bis an die Grenzen des heutigen Indien mitnimmt. Diese marschierenden Geometer haben Strecken von mehreren tausend Kilometern zu messen!

Versuchen Sie sich vorzustellen, wie sich das seltsame Schauspiel dieser Männer, die die riesigen Gefilde des Mittleren Ostens im Gleichschritt durchschreiten, aus der Vogelperspektive ausnimmt. Sehen Sie, wie sie die Hochebenen Obermesopotamiens hinter sich lassen, an den kargen gelben Kulissen der Sinai-Halbinsel entlanggehen und zu den fruchtbaren Ufern des Niltals gelangen, dann kehrtmachen, die Bergmassive des Perserreiches und die Wüsten des heutigen Afghanistan bewältigen. Sehen Sie, wie sie in starrem, monotonem Rhythmus unerschütterlich weiter und immer weiter marschieren und zu Fuß gigantische Berge des Hindukusch übersteigen, um schließlich, unverdrossen ihre Schritte zählend, die Ufer des Indischen Ozeans zu erreichen.

Das Bild ist ergreifend, und die Maßlosigkeit des Unternehmens scheint unsinnig. Die Resultate jedoch sind von bemerkenswerter Genauigkeit: Die Differenz zwischen den Messungen dieser Männer und den heute bekannten tatsächlichen Entfernungen beträgt im Durchschnitt weniger als 5 Prozent! Alexanders Bematisten haben also die Beschreibung der Geographie seines Reiches ermöglicht, eines riesigen Gebietes, wie es nie zuvor vermessen worden war.

Zwei Jahrhunderte später fasst in Ägypten ein Gelehrter mit griechischen Wurzeln, Eratosthenes ist sein Name, ein noch viel größeres Projekt ins Auge: den Umfang der Erde zu bestimmen. (Wenn es weiter nichts ist!) Natürlich kommt es nicht in Frage, arme Bematisten zur Umrundung des Planeten auf die Reise zu schicken. Stattdessen hat Eratosthenes auf der Grundlage scharfsinniger Beobachtungen über die Differenz zwischen den Neigungswinkeln der Sonnenstrahlen in Syene, heute Assuan, und Alexandria berechnet, dass die Entfernung zwischen den beiden Städten einem Fünfzigstel des Erdumfangs entsprechen müsste.

Dass er zum *Messen* dann doch nach Bematisten ruft, ist ganz natürlich. Im Unterschied zu ihren griechischen Kollegen zählen die ägyptischen Bematisten jedoch nicht *ihre* Schritte, sondern die eines sie begleitenden Kamels. Diese Tiere sind nämlich berühmt für ihren gleichmäßigen Gang. Nach langen Tagestouren am Nil entlang kommt die Stunde der Wahrheit: Die beiden Städte liegen 5000 Stadien voneinander entfernt, der Umfang unseres Planeten müsste demnach 250 000 Stadien oder 39 375 Kilometer betragen. Einmal mehr ist das Ergebnis von einer unglaublichen Genauigkeit, weiß man doch heute, dass der exakte Umfang 40 008 Kilometer beträgt. Eine Abweichung von weniger als 2 Prozent!

Mehr vielleicht als für jedes andere Volk der Antike hat die Geometrie für die Griechen zentrale Bedeutung. Sie wird ihrer Strenge wegen und wegen ihrer Fähigkeit, den menschlichen Geist zu formen, geschätzt. Sie zu beherrschen ist für Platon Voraussetzung eines jeden, der Philosoph werden will, und eine Legende besagt, dass an der Front seiner Akademie das folgende Caveat eingemeißelt war: «Kein der Geometrie Unkundiger trete hier ein.»

Die Geometrie ist dermaßen en vogue, dass sie ihre Grenzen überschreitet und anderen Disziplinen ihren Stempel aufdrückt. So werden die arithmetischen Eigenschaften der Zahlen in geometrischer Sprache interpretiert. Sehen Sie sich zum Beispiel diese Definition des Euklid an, die dem siebten Buch seiner *Elemente* aus dem 3. Jahrhundert v. Chr. entnommen ist:

Wenn zwei Zahlen bei gegenseitiger Vervielfältigung eine Zahl bilden, nennt man die entstehende eine «ebene Zahl», und die einander vervielfältigenden Zahlen ihre «Seiten».[7]

Wenn ich 5 mit 3 «vervielfältige», also multipliziere, können die Zahlen 5 und 3 Euklid zufolge als die «Seiten» der Multiplikation bezeichnet werden. Warum? Ganz einfach deshalb, weil das Produkt einer Multiplikation als Fläche eines Rechtecks dargestellt werden kann. Wenn Letzteres eine Breite von 3 und eine Länge von 5 hat, beträgt seine Fläche 5 × 3. Die Zahlen 3 und 5 sind die Seiten des Rechtecks. Und das Resultat der Multiplikation, 15, wird als «ebene Zahl» bezeichnet, weil es geometrisch einer Fläche entspricht.

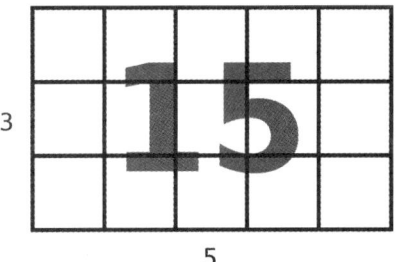

Auch andere geometrische Figuren dienen zur Darstellung von Zahlen. So wird eine Zahl als «dreieckig» bezeichnet, wenn sie − richtig: als Dreieck dargestellt werden kann. Die ersten «dreieckigen» Zahlen sind 1, 3, 6 und 10.

---

7 Euklid, *Die Elemente. Buch 1–13*. Herausgegeben und ins Deutsche übersetzt von Clemens Thaer. Reprografischer Nachdruck [der Ausgabe] Leipzig 1933–1937, Darmstadt (Wissenschaftliche Buchgesellschaft) 1969, S. 141; Übersetzung modifiziert.

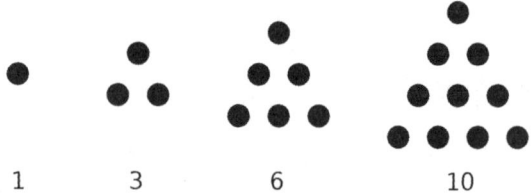

1   3   6   10

Das letzte, aus zehn Punkten bestehende Dreieck ist der berühmte Tetraktys, den Pythagoras und seine Schüler zum Symbol der Harmonie des Kosmos gemacht hatten. Nach dem gleichen Prinzip werden die Quadratzahlen dargestellt, deren erste 1, 4, 9 und 16 sind.

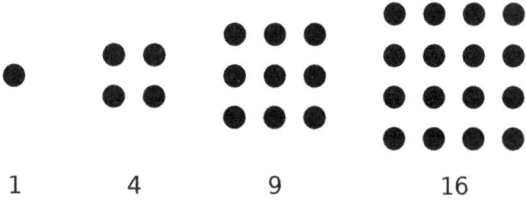

1   4   9   16

Man könnte auf diese Weise lange mit allen möglichen Figuren fortfahren. Die geometrische Darstellung der Zahlen erlaubt es, Eigenschaften, die ohne sie unbegreifbar scheinen, sichtbar und sinnfällig zu machen.

Ein Beispiel: Haben Sie schon mal versucht, stufenweise die ungeraden Zahlen zu addieren, also 1 und 3 und 5 und 7 und 9 und 11 und so weiter zusammenzuzählen? Nein? Dabei geschieht etwas ganz Erstaunliches. Sehen Sie nur:

$$1$$

$$1 + 3 = 4$$

$$1 + 3 + 5 = 9$$

$$1 + 3 + 5 + 7 = 16$$

Fällt Ihnen an den Summen, die sich ergeben haben, etwas auf? 1, 4, 9, 16 – das sind die Quadratzahlen!

Sie können damit so lange fortfahren, wie Sie wollen, Sie werden diese Gesetzmäßigkeit immer bestätigt finden. Addieren Sie, wenn Sie den Nerv haben, die ersten zehn ungeraden Zahlen, also 1 bis 19, und Sie erhalten die zehnte Quadratzahl, nämlich 100:

$$1 + 3 + 5 + 7 + 9 + 11 + 13 + 15 + 17 + 19$$
$$= 10 \times 10 = 100.$$

Erstaunlich, nicht wahr? Aber warum ist das so? Welches Wunder sorgt dafür, dass dieses Gesetz sich immer bestätigt? Man könnte dafür eine numerische Begründung geben, aber es geht viel einfacher: Wir brauchen die Quadratzahlen nur geometrisch, als Quadrate, darzustellen und in Tranchen zu zerlegen, damit uns die Erklärung ins Auge springt:

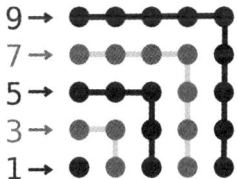

Jede Tranche, die die Seite des Quadrats um eine Einheit verlängert, fügt die nächsthöhere ungerade Zahl von Kugeln hinzu. Das ist die Erklärung; sie ist einfach und anschaulich.

Um zusammenzufassen: Im Reich der Mathematik ist die Geometrie zu dieser Zeit die Königin. Keine Behauptung würde als wahr anerkannt werden, die nicht von ihr unter die Lupe genommen worden wäre. Ihre Vorherrschaft wird weit über die Antike und die Kultur der Griechen hinaus andauern. Nach den Anfängen der Mathematik bei den Griechen werden fast zweitausend Jahre vergehen, bis die Gelehrten der Renaissance eine breite Bewegung zur Modernisierung dieser Wissenschaft anstoßen, die die Geometrie zugunsten einer völlig neuen Sprache entthronen wird: der Sprache der Algebra.

4

Die Zeit der Theoreme

Wir haben Anfang Mai. Es ist Mittag, und über dem Parc de la Villette im Norden von Paris scheint die Sonne. Vor mir taucht die Stadt der Wissenschaften und der Industrie auf, mit der Géode im Vordergrund. Dieses merkwürdige, Mitte der 1980er Jahre erbaute Kino ähnelt einer gigantischen Spiegelkugel mit einem Durchmesser von 36 Metern.

Der Platz ist sehr belebt: von Touristen mit Fotoapparaten, die gekommen sind, um das seltsame Bauwerk zu sehen, von Familien, die ihren Mittwochsspaziergang machen, von Liebespaaren, die im Gras sitzen oder Hand in Hand umhergehen. Da und dort läuft ein Jogger Zickzack durch den Strom der Bewohner des Viertels, die gleichgültig an der merkwürdigen Erscheinung dieser spiegelnden Kugel vorbeigehen, ohne mehr als einen flüchtigen Blick auf sie zu werfen. Ringsherum amüsieren sich Kinder darüber, wie entstellt das runde Ding die Welt wiedergibt.

Ich bin heute hier, weil mich die Geometrie der Kugel interessiert. Ich betrachte sie genau, während ich mich ihr nähere. Ihre Oberfläche ist aus Tausenden von dreieckigen Spiegeln zusammengesetzt. Auf den ersten Blick mag die Anordnung vollkommen regelmäßig erscheinen, doch nach einigen Minuten genauen Hinsehens fallen an dem Bauwerk mehrere Besonderheiten auf. Um bestimmte Punkte herum scheint eine Missbildung der Struktur die Dreiecke deformiert und vergrößert zu haben. Während diese überall sonst auf der Kugel ein vollkommen regelmäßiges Netz aus sechseckigen Sechsergruppen bilden, bilden sie um ein Dutzend Punkte herum nur Fünfergruppen.

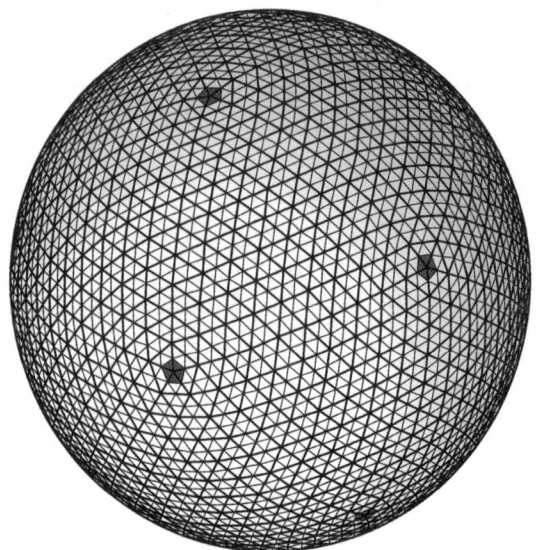

Darstellung der Géode und ihrer Tausenden von Dreiecken.
Die Punkte, an denen die Dreiecke Fünfergruppen bilden,
sind dunkelgrau hervorgehoben.

Diese Unregelmäßigkeiten sind auf den ersten Blick fast unsichtbar. Kein Wunder, dass die meisten Spaziergänger ihnen keine Aufmerksamkeit schenken. Für meine Mathematikeraugen haben diese Besonderheiten der Struktur auch nichts Befremdliches. Ich habe sie sogar erwartet. Der Architekt hat keine Fehler gemacht. Es gibt auf der Welt viele Bauwerke mit einer ähnlichen Geometrie, und sie alle weisen dasselbe Dutzend Punkte auf, an denen die Grundelemente Fünfer- statt Sechsergruppen bilden. Diese Punkte ergeben sich aus unentrinnbaren geometrischen Zwängen, die vor mehr als zweitausend Jahren von den griechischen Mathematikern entdeckt wurden.

Der Athener Mathematiker Theaitetos lebte im 4. Jahrhundert vor unserer Zeitrechnung. Ihm wird allgemein die vollständige Beschreibung der regelmäßigen Polyeder zugeschrieben. Ein Polyeder ist ein

Körper, der von mehreren ebenen Flächen begrenzt wird. Daher gehören beispielsweise Würfel und Pyramiden zur Familie der Polyeder, nicht aber Kugeln und Zylinder, deren Flächen gerundet sind. Auch die Géode mit ihren dreieckigen Flächen kann als (riesiges) Polyeder betrachtet werden, obwohl sie aufgrund der großen Zahl ihrer Flächen von weitem einer Kugel ähnelt.

Theaitetos interessierte sich besonders für die vollkommen symmetrischen Polyeder, das heißt für die, bei denen alle Flächen und alle Winkel gleich sind. Dabei machte er eine erstaunliche Entdeckung: Er fand nämlich nur fünf solcher Körper und bewies, dass es mehr auch nicht gibt. Fünf Stück, mehr nicht!

Von links nach rechts: das Tetraeder, das Hexaeder,
das Oktaeder, das Dodekaeder und das Ikosaeder

Noch heute werden die Polyeder nach der Zahl ihrer Flächen benannt, wobei dem altgriechischen Wort für die betreffende Zahl das Suffix *-eder* angehängt wird. So trägt der Würfel mit seinen sechs quadratischen Flächen in der Geometrie den Namen Hexaeder. Das Tetraeder, das Oktaeder, das Dodekaeder und das Ikosaeder haben vier, acht, zwölf und zwanzig Flächen. Eine seit langem gebräuchliche Sammelbezeichnung für die fünf Polyeder lautet «platonische Körper».

Platonisch? Warum nicht theaitetisch? Die Geschichte ist manchmal ungerecht: Nicht immer werden von der Nachwelt die Entdecker geehrt. Der athenische Philosoph hatte mit der Entdeckung der fünf Körper nichts zu tun, er hat diese aber durch eine Theorie berühmt gemacht, die sie zu den vier Elementen des Kosmos und zu diesem als Ganzem in Beziehung setzte. So hat er das Feuer mit dem Tetraeder assoziiert, die Erde mit dem Hexaeder, die Luft mit dem Oktaeder und das Wasser mit dem Ikosaeder. Was das Dodekaeder mit seinen fünfeckigen Flächen betrifft, so behauptete Platon, es habe die Form des Universums. Obwohl die Wissenschaft diese Theorie schon vor langer Zeit verworfen hat, werden die fünf regelmäßigen Polyeder üblicherweise noch heute mit Platon in Verbindung gebracht.

Übrigens hat auch Theaitetos diese fünf Körper nicht als Erster entdeckt – gibt es doch Beschreibungen und bildnerische Modelle von ihnen, die viel älter sind. So wurde in Schottland eine Ansammlung kleiner Kugeln aus behauenem Stein zutage gefördert, die auf tausend Jahre vor der Lebenszeit des griechischen Mathematikers datiert wird! Gegenwärtig werden diese Fundstücke, die die platonischen Körper darstellen, im Ashmolean Museum in Oxford aufbewahrt.

Theaitetos war also nicht besser als Platon? War auch er ein Hochstapler? Keineswegs, denn auch wenn die fünf Figuren schon vor ihm bekannt waren, so war er doch der Erste, der schlagend bewies, dass die Liste vollständig war. Es ist nutzlos zu suchen, sagt uns Theaitetos; niemand wird jemals weitere Polyeder dieser Art finden. Eine Behauptung, die etwas Beruhigendes hat, denn sie erlöst uns von einem quälenden Zweifel. Was es hier zu wissen gibt, das wissen wir!

Das Beweisenwollen ist bezeichnend für die Art und Weise, wie die griechischen Mathematiker ihre Wissenschaft betrieben. Für sie ging es nicht mehr nur darum, Lösungen zu finden, die funktionierten. Sie wollten das Problem erschöpfend behandeln. Sie wollten sicher sein, dass ihnen nichts entgangen war. Und dafür vervollkommneten sie die Kunst der mathematischen Analyse.

Kehren wir jetzt zu unserer Géode zurück. Der Beweis des Theaitetos ist unanfechtbar: Ein Polyeder mit mehreren tausend Flächen kann unmöglich vollkommen regelmäßig sein. Was also tun, wenn man Architekt ist und ein Bauwerk erschaffen will, das einer regelmäßigen Kugel so weit wie möglich ähnelt? Den Bau als aus einem einzigen Stück bestehend zu errichten ist technisch schwierig, ja illusorisch. Nichts zu machen, man muss eine Vielzahl kleiner Flächen zusammenfügen. Aber wie konzipiert man eine solche Struktur?

Vorstellbar sind mehrere Lösungen. Eine von ihnen besteht darin, einen der platonischen Körper zu nehmen und ihn zu modifizieren. Betrachten wir zum Beispiel das Ikosaeder. Mit seinen zwanzig dreieckigen Flächen wirkt es von den fünf am rundesten. Um es weicher zu machen, kann man jede seiner Flächen in mehrere kleinere Flächen unterteilen. Das Polyeder, das man dadurch erhält, kann man dann, um es einer Kugel möglichst ähnlich zu machen, so verformen, dass es aussieht, als wäre es aufgepumpt.

Hier als Beispiel, was dabei herauskommt, wenn man jede Fläche des Ikosaeders in vier kleinere Dreiecke unterteilt.

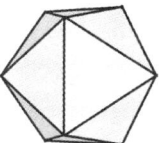

Das Ikosaeder

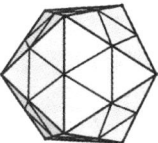

Das Ikosaeder mit geviertelten Flächen

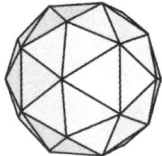

Das Ikosaeder mit geviertelten Flächen und «aufgepumpt»

Ein solches Polyeder wird in der Geometrie als – richtig: Geode bezeichnet. Das Wort verweist etymologisch auf eine Figur, die die Gestalt der Erde hat, also einer Kugel ähnelt. Im Grunde ganz einfach.
Und genau diese Konstruktion ist für die Géode im Parc de la Villette
verwendet worden. Die Unterteilung der Flächen ist jedoch viel fei-
ner: Die Dreiecke des Ikosaeders sind hier jeweils in 400 kleinere Dreiecke, also insgesamt in 8000 dreieckige Flächen unterteilt worden.

8000? Nicht ganz. In Wirklichkeit besteht die Géode aus 6433
kleinen Flächen, da sie nicht vollständig ist: Ihre Basis ist abgeflacht, weshalb unten einige Dreiecke fehlen. Immerhin lässt sich
anhand dieser Struktur das Vorhandensein der zwölf Unregelmäßigkeiten erklären. Sie entsprechen einfach den zwölf Spitzen
des zugrunde liegenden Ikosaeders, also den Punkten, an denen
die großen Ausgangsdreiecke zu je fünfen aneinanderstießen.
Diese Spitzen wurden durch die Vervielfachung der Flächen so weit
abgeflacht, dass sie gewissermaßen unsichtbar geworden sind. Doch
im Grunde sind sie, verankert in der Anordnung der Dreiecke, weiterhin vorhanden.

Theaitetos war sicher weit davon entfernt, sich vorzustellen, dass
seine Forschungen eines Tages die Konstruktion von Bauwerken wie
der Géode ermöglichen würden. Aber das ist die große Stärke jener
Mathematik, die wir den Gelehrten des antiken Griechenland verdanken: Sie vermag in staunenswerter Weise zu neuen Ideen zu inspi-
rieren. Die Griechen fingen nach und nach an, ihre Fragen von konkreten Problemen zu lösen, und wurden dadurch frei für das krea-
tive Vermögen, aus purer intellektueller Neugier originelle Modelle
zu entwerfen. Und mochte es in dem Augenblick, in dem sie erdacht
wurden, oft auch so scheinen, als hätten diese Modelle keinen praktischen Nutzen – manchmal stellen sie noch heute, lange nach dem
Tod ihrer Urheber, eine erstaunliche Brauchbarkeit unter Beweis.

Heutzutage sind die fünf platonischen Körper in diversen Kontexten zu finden. Beispielsweise dienen sie alle als Würfel in Gesell-

schaftsspielen. Ihre Regelmäßigkeit garantiert, dass die Würfel aus-
gewuchtet sind, so dass alle Flächen die gleiche Chance haben, oben
zu liegen. Jeder kennt den kubischen Würfel mit sechs Flächen,
aber die leidenschaftlichen Spieler wissen, dass in zahlreichen Spielen auch von den vier anderen platonischen Körpern Gebrauch gemacht wird, um Abwechslung ins Vergnügen und in die Wahrscheinlichkeiten zu bringen.

Während ich mich von der Géode entferne, komme ich an einigen
Kindern vorbei, die auf einer der Rasenflächen im Parc de la Villette Fußball spielen. Ohne es zu wissen, haben auch sie in diesem
Moment Theaitetos viel zu verdanken. Ob sie bemerkt haben, dass
ihr Ball, wie die Géode, ein geometrisches Muster hat? Den meisten Fußbällen liegt dasselbe Modell zugrunde: zwanzig sechs-
eckige und zwölf fünfeckige Teile. Bei den traditionellen Bällen
sind die sechseckigen Teile weiß, die fünfeckigen schwarz. Aber
auch bei bedruckten Bällen braucht man nur auf die Nähte zu
schauen, die die einzelnen Teile begrenzen, um unvermeidlich die
zwanzig sechseckigen und zwölf fünfeckigen Teile wiederkehren
zu sehen.

Ein abgeflachtes Ikosaeder! So bezeichnen Geometer den Fußball.
Seine Struktur ist durch dieselben Zwänge bedingt wie die der
Géode: Sie soll so regelmäßig und so rund sein wie möglich. Doch
um das zu erreichen, haben die Schöpfer dieses Modells sich einer
anderen Methode bedient. Statt die Spitzen durch Unterteilung der
Flächen weicher zu machen, haben sie sich dafür entschieden, sie
zu beschneiden. Stellen Sie sich vor, Sie haben ein Ikosaeder aus
Knetmasse, nehmen ein Messer zur Hand und schneiden die Spitzen einfach ab. Die zwanzig Dreiecke sind dann – ohne die zwölf
abgeschnittenen Spitzen – Sechsecke, während dort, wo die Spitzen
waren, die zwölf Fünfecke hervorgetreten sind.

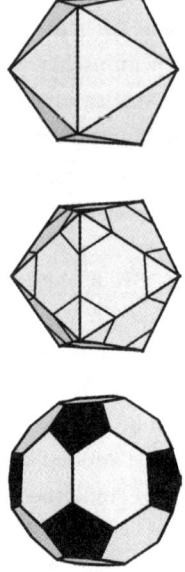

Die zwölf Fünfecke eines Fußballs haben also denselben Ursprung wie die Unregelmäßigkeiten auf der Oberfläche der Géode: Sie markieren die Stellen, an denen sich die zwölf Spitzen des Ikosaeders befanden.

Und das Mädchen, das mir mit dem Taschentuch in der Hand begegnet, als ich den Parc de la Villette verlasse? Die Kleine scheint mir nicht ganz gesund zu sein. Ob sie Opfer einer üblen Vermehrung von Mikro-Ikosaedern geworden ist? Einige mikroskopisch kleine Organismen, Viren zum Beispiel, haben nämlich von Natur aus die Form von Ikosaedern. Jedenfalls gilt das für Rhinoviren, die meistens für Schnupfen verantwortlich sind.

Die winzigen Kreaturen nehmen diese Form aus denselben Gründen an, aus denen wir sie in der Architektur oder für unsere Bälle verwenden: wegen der Symmetrie und der Ökonomie. Weil es Ikosaeder gibt, können Bälle aus Teilen hergestellt werden, denen nur zweierlei Formen zugrunde liegen. Ähnlich besteht die Membran der Viren aus nur wenigen Typen von Molekülen (bei den Rhinoviren sind es vier), die ineinanderpassen und immer dasselbe Muster wiederholen. Der genetische Code, der für die Erschaffung einer solchen Hülle notwendig ist, ist also viel konziser und ökonomischer, als wenn er eine vollkommen asymmetrische Struktur bezeichnen müsste. Theaitetos wäre wohl einmal mehr überrascht, wenn er erführe, wo seine Polyeder sich überall verbergen!

Nehmen wir den chronologischen Gang unserer Erzählung wieder auf. Wie kamen die antiken Mathematiker wie Theaitetos dazu, immer allgemeinere und theoretischere Fragen zu stellen? Um das zu verstehen, müssen wir einige tausend Jahre zur orientalischen Peripherie des Mittelmeers zurückgehen.

Während die babylonische und die ägyptische Kultur langsam erlöschen, hat das antike Griechenland damals seine größten Jahrhunderte noch vor sich. Ab dem 6. Jahrhundert v. Chr. tritt es in eine Phase nie da gewesener kultureller und wissenschaftlicher Unruhe ein. Die Philosophie, die Poesie, die Bildhauerei, die Architektur, das Theater, die Medizin und die Geschichtsschreibung werden revolutioniert. Auch die Mathematik ist Teil dieser breiten intellektuellen Bewegung, deren außerordentliche Vitalität ihre Faszination und ihr Geheimnis bis heute nicht verloren hat.

Denkt man an das antike Griechenland, so kommt einem als erstes Bild oft Athen mit der Akropolis über der Stadt in den Sinn. Man stellt sich Bürger in weißen Gewändern vor, die zwischen den Tempeln aus pentelischem Marmor und einigen Ölbäumen umhergehen und gerade die erste Demokratie der Geschichte erfunden haben. Dieses Bild ist jedoch weit davon entfernt, die Gesamtheit der griechischen Welt in ihrer Vielfalt zu repräsentieren.

Im 8. und 7. Jahrhundert v. Chr. wird im Mittelmeerraum eine Vielzahl von griechischen Kolonien gegründet. Die Siedler vermischen sich manchmal mit den Einheimischen und übernehmen zum Teil deren Bräuche und Lebensweise, was bedeutet, dass die Griechen keineswegs alle dasselbe Leben führen. Ihre Ernährung, ihre Freizeitaktivitäten, ihre Götterwelten und ihre politischen Systeme unterscheiden sich stark von Region zu Region.

Auch die griechische Mathematik entsteht nicht an einem einzigen Ort, an dem alle Gelehrten sich persönlich bekannt wären und einander täglich begegneten, sondern in einem weiten geographischen und kulturellen Raum. Die mathematische Revolution wird daher auch durch den Kontakt zu älteren Zivilisationen, deren Erbe sie aufnimmt, und das Durchmischen der eigenen Vielfalt befeuert. Viele Gelehrte unternehmen im Laufe ihres Lebens, gleichsam als obligatorische Phase ihrer Lehrzeit, eine Pilgerfahrt nach Ägypten oder in den Mittleren Osten. Kein Wunder, dass sich, integriert und weiterentwickelt, ein Großteil der babylonischen und der ägyptischen Mathematik in der griechischen wiederfindet.

Der erste bedeutende griechische Mathematiker, Thales, wird Ende des 7. Jahrhunderts v. Chr. in der Stadt Milet, an der Südwestküste der heutigen Türkei, geboren. Obwohl ihn zahlreiche Quellen erwähnen, ist es schwer, ihnen verlässliche Informationen über sein Leben und seine Arbeit zu entnehmen. Wie über viele Gelehrte dieser Epoche, so werden auch über ihn von allzu beflissenen Schülern postum diverse Legenden in die Welt gesetzt, in denen das Wahre vom Falschen kaum zu unterscheiden ist. Die Wissenschaftler dieser Epoche sind nicht von der Art, die sich mit einer verbindlichen Ethik belastet, und legen sich die Wahrheit nicht selten zurecht, wenn sie nicht nach ihrem Geschmack ist.

In den vielen Geschichten, die über ihn im Umlauf sind, ist zum Beispiel die Rede davon, Thales sei – quasi als erstes Exemplar in einer langen Reihe von zerstreuten Gelehrten – ungewöhnlich oft in Gedanken versunken gewesen. Eine Anekdote erzählt, man habe ihn eines Nachts in einen Brunnen fallen sehen, als er mit der Nase in der Luft herumspazierte, um die Sterne zu betrachten. Eine andere behauptet, er sei, fast achtzigjährig, als Zuschauer bei einem Sportwettbewerb gestorben, weil er, gefesselt von dem Schauspiel, zu essen und zu trinken vergessen habe ...

Auch seine wissenschaftlichen Leistungen sind Gegenstand von seltsamen Erzählungen. So sei Thales der Erste gewesen, der eine Sonnenfinsternis korrekt vorhergesagt habe. Diese Sonnenfinsternis ereignete sich während einer Schlacht zwischen Medern und Lydern an den Ufern des Flusses Halys im Westen der heutigen Türkei. Angesichts der einbrechenden Nacht am helllichten Tag beschlossen die Befehlshaber der beiden kämpfenden Heere, die an eine Botschaft der Götter glaubten, unverzüglich Frieden zu schließen. Für unsere heutigen Astronomen ist es ein Kinderspiel, Sonnenfinsternisse vorherzusagen und die der Vergangenheit zu rekonstruieren. Dank ihnen wissen wir, dass sich die besagte Sonnenfinsternis am 28. Mai des Jahres 584 v. Chr. ereignete, was die Schlacht am Halys zum ältesten genau datierbaren historischen Ereignis macht.

Seinen größten Erfolg soll Thales auf einer Ägyptenreise errungen haben. Erzählt wird, Pharao Amasis persönlich habe ihm aufgegeben, die Höhe der großen Pyramide zu messen. Alle ägyptischen Gelehrten, die zuvor gefragt worden seien, seien an dieser Aufgabe gescheitert. Thales aber habe die Herausforderung nicht nur angenommen, sondern er habe sie geradezu elegant bestanden, indem er sich einer besonders raffinierten Methode bedient habe: Der milesische Gelehrte habe einen Stab senkrecht in die Erde gepflanzt und einfach auf den Augenblick gewartet, in dem der Schatten des Stabs genauso lang war wie dieser selbst. In diesem Augenblick habe er den Schatten der Pyramide, der jetzt ihrer Höhe entsprechen musste, gemessen. Die Sache war geritzt!

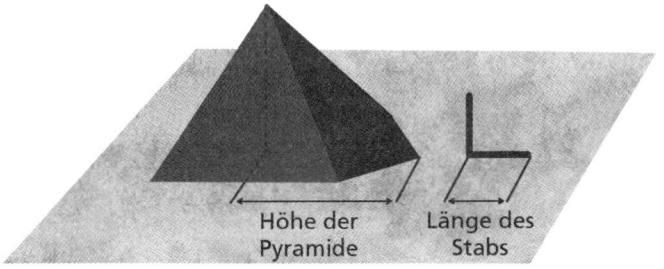

Höhe der Pyramide   Länge des Stabs

Sicher eine hübsche Geschichte, aber auch ihre historische Wahrheit ist unverbürgt. So wie die Anekdote erzählt ist, spricht sie im Übrigen ziemlich geringschätzig von den ägyptischen Gelehrten der Epoche, obwohl Papyri wie der des Ahmose beweisen, dass sie die Höhe der Pyramiden mehr als tausend Jahre vor der Ankunft des Thales perfekt zu berechnen wussten! Was also ist wahr? Hat Thales wirklich die Höhe der Pyramide gemessen? War er der Erste, der sich dafür der Methode mit dem Schatten bediente? Oder hat er damit nur die Höhe eines Ölbaums vor seinem Haus in Milet bestimmt?! Dann hätten seine Schüler die Geschichte nach seinem Ableben in phantastischer Weise ausgeschmückt. Wir müssen der Tatsache ins Auge sehen, dass wir es wahrscheinlich nie erfahren werden.

Wie dem auch sei, die *Geometrie* des Thales ist sehr real, und die Methode mit dem Schatten bliebe genial, auch wenn er sie nicht bei der großen Pyramide, sondern nur bei einem Ölbaum angewandt hätte. Sie macht von einem geometrischen Sachverhalt Gebrauch, der als Satz des Thales mit dem Namen des griechischen Gelehrten verbunden ist. Thales werden aber noch weitere mathematische Erkenntnisse zugeschrieben: Der Kreis wird durch jeden Durchmesser in zwei gleiche Teile geteilt (Fig. 1); die Winkel an der Basis eines gleichschenkligen Dreiecks sind gleich groß (Fig. 2); bei zwei sich schneidenden Geraden sind die einander am Schnittpunkt gegenüberliegenden Winkel gleich groß (Fig. 3); wenn die drei Ecken eines Dreiecks auf einem Kreis liegen und eine Seite durch den Mittelpunkt des Kreises geht, dann ist das Dreieck rechtwinklig (Fig. 4). Übrigens wird auch die letzte Aussage manchmal als «Satz des Thales» bezeichnet.

Kommen wir nun zu diesem seltsamen Wort, das gleichermaßen fasziniert und Angst macht: Was ist ein Theorem? Etymologisch ist das Wort von den griechischen Wurzeln *théa* (Betrachtung) und *horáô* (sehen) abgeleitet. Demnach wäre ein Theorem eine Art Beobachtung im Rahmen der mathematischen Welt, ein Faktum, das

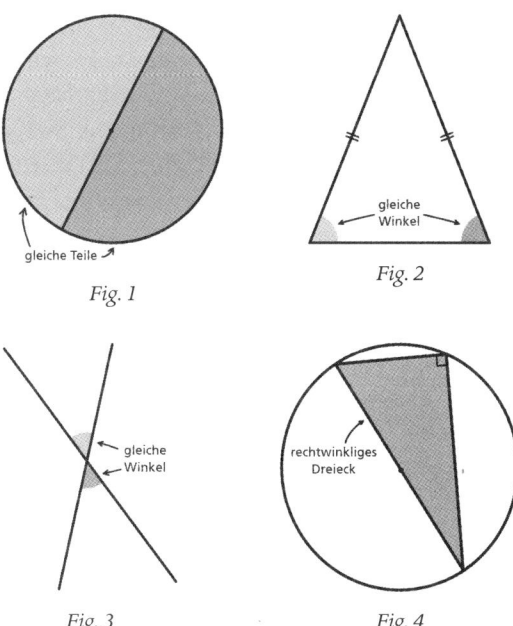

gleiche Teile

Fig. 1

gleiche Winkel

Fig. 2

gleiche Winkel

Fig. 3

rechtwinkliges Dreieck

Fig. 4

von den Mathematikern entdeckt, geprüft und anschließend schriftlich festgehalten worden ist. Theoreme können sowohl mündlich als auch schriftlich übermittelt werden und ähneln darin Wetterregeln oder Großmutters Rezepten, die über Generationen hinweg geprüft worden sind und denen man vertraut. Eine Schwalbe macht noch keinen Sommer, Lorbeer hilft bei Rheuma, und das Dreieck 3-4-5 hat einen rechten Winkel. Das sind Sätze, die man für wahr hält und zu behalten versucht, um sie im rechten Moment anzuwenden.

Nach dieser Definition hätten auch die Mesopotamier, die Ägypter und die Chinesen Theoreme formuliert. Bei den Griechen jedoch hatten mathematische Aussagen seit Thales eine neue Dimension. Für die Griechen musste ein Theorem nicht nur eine mathematische Wahrheit aussprechen, sondern diese musste in der allgemeinsten Weise formuliert und von einem schlagenden Beweis begleitet sein.

Wenden wir uns nochmals einer der Erkenntnisse zu, die Thales zugeschrieben werden: Der Durchmesser eines Kreises teilt diesen in zwei gleiche Teile. Eine solche Aussage mag enttäuschend erscheinen bei einem Gelehrten von Thales' Format! Was sie besagt, scheint ins Auge zu springen. Warum musste das 6. Jahrhundert vor unserer Zeitrechnung kommen, bis eine derart triviale These ausgesprochen werden konnte? Kein Zweifel, dass die ägyptischen und babylonischen Gelehrten das, was sie sagt, schon seit langem gewusst haben müssen.

Doch man täusche sich nicht, die Kühnheit der Erkenntnis des milesischen Gelehrten liegt nicht in ihrem Inhalt, sondern in ihrer Formulierung. Thales wagt es, von einem Kreis zu sprechen, ohne zu präzisieren, welchen er meint! Um dieselbe Gesetzmäßigkeit zu formulieren, hätten Babylonier, Ägypter oder Chinesen ein Beispiel gegeben. Zeichnen Sie einen Kreis mit dem Radius 3 und einen seiner Durchmesser, hätten sie gesagt, und Sie werden sehen, dass dieser Kreis von diesem Durchmesser in zwei gleiche Teile geteilt wird. Und wenn *ein* Beispiel nicht genügt hätte, um das Gesetz zu begreifen, hätte man ein zweites, ja ein drittes oder notfalls gar ein viertes gegeben: so viele Beispiele, wie nötig gewesen wären, um dem Leser begreiflich zu machen, dass er dieselbe Operation bei jedem Kreis, dem er begegnen würde, wiederholen könnte. Die allgemeine These aber wäre nie formuliert worden.

Thales überschreitet eine Grenze. Nimm einen beliebigen Kreis, sagt er. Er kann riesig oder winzig sein – ich will es nicht wissen. Zeichne ihn horizontal, vertikal oder auf einer schiefen Ebene, es ist mir gleich. Ich nehme deinen ganz speziellen Kreis und wie du ihn gezeichnet hast, nicht zur Kenntnis. Aber ich behaupte, dass sein Durchmesser ihn in zwei gleiche Teile teilt!

Durch diese Operation verschafft Thales den geometrischen Figuren endgültig den Status abstrakter mathematischer Gegenstände. Der Denkschritt ähnelt dem, der die Mesopotamier zweitausend Jahre zuvor dazu gebracht hatte, die Zahlen unabhängig von den gezählten Gegenständen zu betrachten. Ein Kreis ist keine auf die

Erde, auf eine Tafel oder einen Papyrus gezeichnete Figur mehr, sondern der Kreis wird zur Fiktion, zur Idee, zum abstrakten Ideal, von dem alle realen Darstellungen nur unvollkommene Avatare sind.

Von nun an können mathematische Wahrheiten bündig und allgemeingültig ausgesprochen werden, unabhängig von den diversen Sonderfällen, die sie abdecken. Solche Aussagen sind es, die die Griechen als Theoreme bezeichnen.[8]

Thales hatte mehrere Schüler in Milet – darunter, um nur die beiden bedeutendsten zu nennen – Anaximenes und Anaximander. Anaximander hatte seinerseits Schüler, unter ihnen einen, der seinen Namen für das berühmteste Theorem aller Zeiten hergeben musste: Pythagoras.

Pythagoras wurde Anfang des 6. Jahrhunderts vor unserer Zeitrechnung auf der Insel Samos geboren, die vor der Küste der heutigen Türkei liegt, nur einige Kilometer von Milet entfernt. Nach Lehr- und Wanderjahren, die ihn durch die antike Welt führen, lässt er sich in der Stadt Kroton im Südosten des heutigen Italien nieder. Dort gründet er im Jahr 532 seine Schule.

Pythagoras und seine Schüler sind nicht nur Mathematiker und Wissenschaftler, sondern auch Philosophen, Theologen und Politiker. Dennoch muss man sagen, dass die von Pythagoras gestiftete Gemeinschaft, würde sie sich heute betätigen, vermutlich als eine der obskursten und gefährlichsten Sekten gälte. Das Leben der Pythagoreer ist streng geregelt. So muss jeder, der in die Schule aufgenommen werden will, fünf Jahre lang schweigen. Die Pythagoreer haben auch kein Privateigentum, sondern legen all ihre Habe zu gemeinsamem Besitz zusammen. Um einander zu erkennen, machen sie Gebrauch von Symbolen wie dem Tetraktys und dem Pentagramm, das die Form eines fünfzackigen Sterns hat. Im Übrigen halten sie

---

8 Statt von «Theorem» ist im Deutschen oft von «Satz» die Rede: Satz des Thales, Satz des Pythagoras usw. (Anm. d. Übers.)

sich für aufgeklärte Leute, denen die politische Macht zustehe. Revolten von Städten, die sich ihrer Autorität widersetzen, bekämpfen sie entschlossen. Pythagoras wird übrigens bei einem dieser Aufstände fünfundachtzigjährig umkommen.

Beeindruckend ist auch die Zahl der Legenden aller Art, die nach seinem Tod um Pythagoras herum erfunden werden. An Phantasie fehlt es seinen Schülern jedenfalls nicht. Was soll man etwa von der Mär halten, Pythagoras sei der Sohn des Gottes Apollo gewesen? Der Name Pythagoras bedeutet übrigens wörtlich «der von der Pythia Angekündigte». Er geht darauf zurück, dass die Pythia von Delphi, das Orakel des Apollo-Tempels, den Eltern des Pythagoras die baldige Geburt ihres Sprösslings angekündigt hatte. Dem Orakel zufolge musste Pythagoras der schönste und klügste aller Menschen werden, und mit einer solchen Vorgeschichte war der griechische Gelehrte natürlich für Großes prädestiniert. So soll sich Pythagoras an all seine früheren Leben erinnert haben, nicht zuletzt daran, dass er unter dem Namen Euphorbos einer der Helden des Trojanischen Krieges gewesen sei. In seiner Jugend, so eine weitere Legende, habe Pythagoras an den Olympischen Spielen teilgenommen und alle Wettkämpfe im Faustkampf gewonnen. Pythagoras habe die ersten Tonleitern erfunden, habe in der Luft zu gehen vermocht, sei gestorben und wiederauferstanden. Er habe die Gaben eines Sehers und eines Wunderheilers besessen, habe den Tieren geboten und einen Oberschenkel aus Gold gehabt.

Während die meisten dieser Legenden so spinnert sind, dass man ihnen von vornherein keinen Glauben schenkt, ist es bei anderen schwierig, zu einem Urteil zu kommen. Ist es beispielsweise wahr, dass Pythagoras der Erste war, der das Wort «Mathematik» benutzte? Die meisten seiner angeblichen Taten klingen so abenteuerlich, dass einige Historiker sogar die Hypothese vertreten haben, Pythagoras sei eine rein fiktive Person, die die Pythagoreer sich als Symbolfigur erdacht hätten.

Kehren wir nun, da wir über den Menschen mehr nicht erfahren können, zu seinem berühmten Theorem zurück, dem er es verdankt, dass mehr als zweitausendfünfhundert Jahre nach seinem Tod noch alle Schüler der Welt seinen Namen kennen. Was besagt der Satz des Pythagoras? Seine Aussage kann befremdlich erscheinen, weil sie einen Zusammenhang zwischen zwei Arten von mathematischen Phänomenen – rechtwinkligen Dreiecken und Quadratzahlen – herstellt, die scheinbar nichts miteinander zu tun haben.

Greifen wir auf unser rechtwinkliges Lieblingsdreieck, das 3-4-5, zurück. Ausgehend von den Längen seiner drei Seiten lassen sich Quadratzahlen konstruieren: 9, 16 und 25.

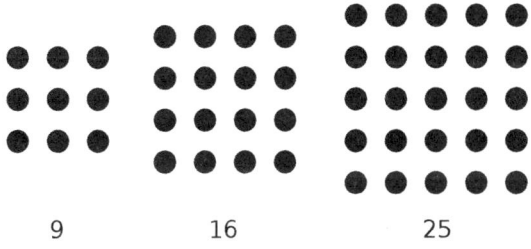

9   16   25

Hier fällt eine merkwürdige Koinzidenz auf: 9 + 16 = 25. Die Summe der Quadrate der Seiten 3 und 4 ist gleich dem Quadrat der Seite 5. Man könnte an einen Zufall glauben, aber wenn man die Rechnung mit einem anderen rechtwinkligen Dreieck wiederholt, geht sie ebenfalls auf. Nehmen wir zum Beispiel das Dreieck 65-72-97, das auf der babylonischen Plimpton-Tafel zu finden ist. Die drei entsprechenden Quadratzahlen sind 4225, 5184 und 9409. Und es kommt, wie es kommen soll: 4225 + 5184 = 9409. Bei diesen großen Zahlen fällt es schwer, an einen Zufall zu glauben.

Sie können es mit allen möglichen, mit kleinen und mit großen rechtwinkligen Dreiecken versuchen: Es funktioniert immer! Bei einem rechtwinkligen Dreieck ist die Summe der Quadrate der beiden Seiten, die den rechten Winkel bilden, immer gleich dem Quadrat der dritten Seite (die als Hypotenuse bezeichnet wird). Und es funktioniert auch umgekehrt: Wenn in einem Dreieck die Summe der Quadrate der beiden kürzeren Seiten gleich dem Quadrat der längsten Seite ist, dann handelt es sich um ein rechtwinkliges Dreieck. Das ist der Satz des Pythagoras!

Es versteht sich von selbst, dass man nicht weiß, ob Pythagoras oder seine Schüler zur Aufstellung dieses Satzes wirklich etwas beigetragen haben. Auch wenn die Babylonier ihn nie in der obigen Allgemeinheit formuliert haben, ist es sehr wahrscheinlich, dass sie den Sachverhalt schon mehr als tausend Jahre früher kannten. Wie hätten sie sonst mit solcher Genauigkeit alle rechtwinkligen Dreiecke entdecken können, die auf der Plimpton-Tafel aufgeführt sind? Auch die Ägypter und die Chinesen kannten den Satz wahrscheinlich, der in den Kommentaren, die den *Neun Büchern* in den Jahrhunderten nach der Zusammenstellung des Werkes beigegeben wurden, übrigens klar und unmissverständlich ausgesprochen ist.

Einige Erzählungen behaupten, Pythagoras sei der Erste gewesen, der den Satz *bewiesen* habe. Es gibt jedoch keine verlässliche Quelle, die das bestätigt; der älteste überlieferte Beweis findet sich in den *Elementen*, die Euklid drei Jahrhunderte später verfasst hat.

5

Über Methodik

Die Frage, wie Sätze bewiesen werden können, war eine der wichtigsten für die griechische Mathematik. Ohne Beweis, das heißt ohne präzise logische Argumentation, die unumstößlich die Richtigkeit eines Theorems darlegte, wurde keines für gültig erklärt. Mathematische Sätze, die nicht durch Beweis abgesichert sind, können nämlich böse Überraschungen bergen, weil es Methoden gibt, die – seien sie auch anerkannt und weithin gebräuchlich – nicht immer gut funktionieren.

Sie erinnern sich sicher an den Papyrus Rhind und die darauf befindliche Konstruktion eines Quadrats und eines Kreises mit angeblich gleich großen Flächen. Die Konstruktion ist falsch – auch wenn der Fehler nicht groß ist. Wenn man die Flächen genau berechnet, weichen sie um etwa 0,5 Prozent voneinander ab. Für Landvermesser ist das genau genug, für theoretische Mathematiker aber untragbar.

Selbst Pythagoras ist falschen Hypothesen zum Opfer gefallen. Sein berühmtester Irrtum betrifft die sogenannten kommensurablen Längen: Pythagoras meinte, dass zwei Längen in der Geometrie immer kommensurabel seien, dass man also immer eine Einheit finden könne, die klein genug sei, um damit beide Längen zu messen. Stellen Sie sich eine 9 Zentimeter lange Gerade vor und eine, die 13,7 Zentimeter lang ist. Da die Griechen keine Zahlen mit Komma kannten, sondern Längen nur mit ganzen Zahlen maßen, war die zweite Gerade für sie nicht in Zentimetern messbar. Das war aber kein Problem – genügte es doch in diesem Fall, eine Einheit zu neh-

men, die ein Zehntel mal so groß war: Dann waren die beiden Geraden eben 90 beziehungsweise 137 Millimeter lang. Pythagoras war
überzeugt, dass zwei Geraden von beliebiger Länge stets kommensurabel seien – man müsse nur die richtige Maßeinheit finden.

Er wurde jedoch von einem Pythagoreer namens Hippasos von
Metapont widerlegt, der entdeckte, dass die Seite und die Diagonale eines Quadrats inkommensurabel sind. Welche Maßeinheit man
auch wählt, es ist nicht möglich, sowohl die Seite eines Quadrats als
auch seine Diagonale mit ganzen Zahlen zu messen. Hippasos gab
dafür einen logischen Beweis, der für Zweifel keinen Raum ließ –
worüber Pythagoras und seine Schüler so erbost waren, dass Hippasos aus der Schule ausgeschlossen wurde. Er soll sogar per Schiff
aufs Meer entführt und dort von seinen Mitschülern über Bord geworfen worden sein!

Mathematikern machen derlei Anekdoten Angst. Kann man jemals
in Bezug auf irgendetwas sicher sein? Oder muss man in der ständi-
gen Furcht leben, dass jeder mathematischen Entdeckung eines
Tages der Boden entzogen wird? Was ist mit dem Dreieck 3-4-5?
Sind wir wirklich sicher, dass es rechtwinklig ist? Besteht nicht die
Gefahr, dass wir eines schönen Tages entdecken, dass auch der Winkel, der bisher absolut rechtwinklig erschien, es nicht ist, sondern
nur fast?

Noch heute kommt es nicht selten vor, dass Mathematiker Opfer
irreführender Intuitionen werden. Darum bemühen sie sich ebenso
um Strenge wie ihre griechischen Vorläufer und achten sehr darauf,
zwischen *bewiesenen* Aussagen, die sie als «Sätze» oder «Theoreme»
bezeichnen, und solchen – sogenannten Vermutungen – zu unterscheiden, die sie zwar für wahr halten, für die sie aber noch keinen
Beweis haben.

Eine der berühmtesten Vermutungen unserer Zeit wird als «Riemann'sche Hypothese» bezeichnet. Viele Mathematiker sind von
der Richtigkeit dieser unbewiesenen Hypothese so sehr überzeugt,
dass sie sie zur Grundlage ihrer Forschungen machen: in der Hoff-

nung, dass die bloße Vermutung eines Tages zum Theorem und die eigene Arbeit sich gelohnt haben wird. Aber was, wenn die Vermutung eines Tages widerlegt wird und mit ihr die Erträge ganzer Forscherleben in sich zusammensinken? Die Wissenschaftler des 21. Jahrhunderts sind sicher vernünftiger als die Griechen damals, aber man könnte verstehen, wenn der Mathematiker, der die Falschheit der Riemann'schen Hypothese verkünden würde, damit bei einigen seiner Kollegen den Wunsch weckte, ihn einem Badeunfall zum Opfer fallen zu lassen …

Damit sie nicht ständig Angst haben muss, widerlegt zu werden, muss die Mathematik Beweise führen. Nein, wir werden uns nie davon überzeugen müssen, dass das Dreieck 3-4-5 nicht rechtwinklig ist. Es *ist* rechtwinklig, das ist gewiss. Und diese Gewissheit rührt daher, dass der Satz des Pythagoras bewiesen worden ist. Jedes Dreieck, bei dem die Summe der Quadrate zweier Seiten gleich dem Quadrat der dritten Seite ist, ist ein rechtwinkliges Dreieck. Für die Mesopotamier war diese Aussage wahrscheinlich nur eine Vermutung. Zum Theorem, zum Satz ist sie durch die Griechen geworden.

Aber was ist ein Beweis? Der Satz des Pythagoras ist nicht nur der berühmteste Satz überhaupt, er ist auch einer von denen, die am häufigsten und auf die verschiedenste Weise bewiesen worden sind. Einige der mehreren Dutzend Beweise sind von Zivilisationen entdeckt worden, die weder von Euklid noch von Pythagoras je gehört hatten. Das gilt zum Beispiel für die Beweise, die sich in den Kommentaren der chinesischen *Neun Bücher* finden. Andere sind das Werk von Mathematikern, die zwar wussten, dass der Satz schon bewiesen war, die aber um der Herausforderung willen oder um ihren persönlichen Fingerabdruck zu hinterlassen, sich das Vergnügen machten, neue Beweise vorzulegen. Unter deren Urhebern sind berühmte Namen wie der des italienischen Erfinders Leonardo da Vinci oder der des zwanzigsten Präsidenten der Vereinigten Staaten James Abram Garfield.

Eines der Prinzipien, auf die sich mehrere dieser Beweise stützen, ist das Puzzle-Prinzip: Wenn zwei geometrische Figuren aus denselben Teilen gebildet werden können, dann haben sie denselben Flächeninhalt. Sehen Sie sich folgende Aufteilung an, die sich Liu Hui, ein chinesischer Mathematiker aus dem 3. Jahrhundert, ausgedacht hat:

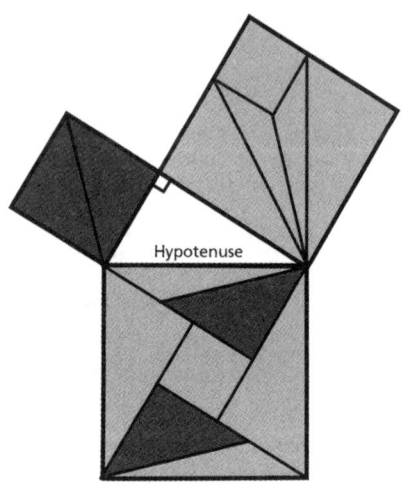

Die Quadrate, die über jene beiden Seiten des rechtwinkligen Dreiecks in der Mitte konstruiert sind, die den rechten Winkel bilden, bestehen aus zwei beziehungsweise fünf Teilen. Diese sieben Teile entsprechen denen, die das über der Hypotenuse konstruierte Quadrat bilden. Daher ist die Fläche des Hypotenusenquadrats genauso groß wie die Summe der Flächen der beiden kleineren Quadrate. Und da die Fläche eines Quadrats gleich der Quadratzahl ist, die zur Länge seiner Seite gehört, ist der Satz des Pythagoras wahr.

Wir verzichten hier auf Einzelheiten, aber zum vollständigen Beweis gehört natürlich der Nachweis, dass alle Teile absolut identisch sind und dass eine solche Aufteilung bei allen rechtwinkligen Dreiecken möglich ist.

Nehmen wir die Kette unserer Schlussfolgerungen wieder auf. Warum ist das Dreieck 3-4-5 rechtwinklig? Weil es dem Satz des Pythagoras entspricht. Und warum ist der Satz des Pythagoras wahr? Weil Liu Huis Aufteilung zeigt, dass das Hypotenusenquadrat aus den gleichen Teilen gebildet werden kann wie die beiden Quadrate der Seiten, die den rechten Winkel bilden. Das ähnelt dem «Warum»-Spiel, in das Kinder so vernarrt sind. Das kleine Spiel hat jedoch den fatalen Fehler, nie zu einem Ende zu kommen. Egal, welche Antwort auf eine Frage gegeben wurde, es ist immer möglich weiterzufragen. Warum …? Ja, warum?

Zurück zu unserem Puzzle: Wir haben behauptet, dass Figuren, die sich aus den gleichen Teilen zusammensetzen, den gleichen Flächeninhalt haben. Aber haben wir bewiesen, dass dieses Prinzip immer wahr ist? Könnte es nicht Puzzleteile geben, deren Fläche, je nachdem, wie man sie anordnet, verschieden groß wäre?

Ein Satz, der das behaupten würde, wäre absurd, nicht wahr? So absurd, dass der Versuch, ihn zu beweisen, Spinnerei wäre. Wir haben aber gerade anerkannt, dass in der Mathematik alles bewiesen werden muss. Wären wir bereit, unsere Grundsätze, kaum dass wir sie uns zu eigen gemacht haben, schon wieder preiszugeben?

Die Lage ist ernst, sehr ernst: Selbst wenn es uns gelänge zu erklären, warum das Puzzle-Prinzip wahr ist, müssten wir noch die Überlegungen rechtfertigen, die uns zu unserer Erklärung geführt haben!

Die griechischen Mathematiker waren sich dieses Problems bewusst. Wenn man etwas beweisen will, muss man irgendwo anfangen können. Nun kann aber der erste Satz eines mathematischen Werkes nicht bewiesen worden sein. Warum nicht? Weil er der erste ist! Deshalb muss jede mathematische Konstruktion damit beginnen, dass sie eine bestimmte Anzahl von Evidenzen zulässt, die die Grundlagen aller folgenden Deduktionen sein werden und die man daher mit der größten Sorgfalt auswählen muss.

Die Mathematiker bezeichnen diese Evidenzen als «Axiome». Axi-

ome sind mathematische Aussagen, die im Unterschied zu Theoremen nicht bewiesen sind und auch keines Beweises bedürfen. Sie
werden als wahr akzeptiert.

Die im 3. Jahrhundert vor unserer Zeitrechnung von Euklid verfassten *Elemente* bestehen aus dreizehn Büchern, die hauptsächlich von
Geometrie und Arithmetik handeln.

Man weiß nicht besonders viel über Euklid, zumal es zu seiner
Person viel weniger Quellen gibt als zu Thales und Pythagoras. Vielleicht hat er in der Nähe von Alexandria gelebt. Erwogen worden
ist aber auch, wie bei Pythagoras, die Möglichkeit, dass Euklid kein
Individuum war, sondern der Name für ein Gelehrtenkollektiv. Wie
gesagt, das ist erwogen worden – gesichert ist es nicht. Alles andere
als das!

Aber sowenig wir über ihn wissen – mit den *Elementen* hat Euklid
uns ein monumentales Werk hinterlassen, das als einer der bedeutendsten Texte in der Geschichte der Mathematik gilt. Warum?
Weil es das erste mit einem axiomatischen Ansatz ist. Der Aufbau
der *Elemente* ist erstaunlich modern und dem sehr ähnlich, den die
Mathematiker noch heute wählen. Die *Elemente* gehörten Ende des
15. Jahrhunderts zu den allerersten Werken, die mit den damals
neuen Gutenberg-Pressen gedruckt wurden. Gleich nach der Bibel
hat Euklids Werk bis heute die meisten Ausgaben erfahren.

Im ersten Buch der *Elemente*, das die ebene Geometrie behandelt,
formuliert Euklid die folgenden fünf Axiome:

Gefordert soll sein,
1. *dass man von jedem Punkt nach jedem Punkt die Strecke ziehen
   kann,*
2. *dass man eine begrenzte gerade Linie zusammenhängend gerade ver-
   längern kann,*
3. *dass man mit jedem Mittelpunkt und Abstand den Kreis zeichnen
   kann,*

4. *dass alle rechten Winkel einander gleich sind*

5. *und dass, wenn eine gerade Linie beim Schnitt mit zwei geraden Linien bewirkt, dass innen auf derselben Seite entstehende Winkel zusammen kleiner als zwei Rechte werden, dann die zwei geraden Linien bei Verlängerung ins Unendliche sich treffen auf der Seite, auf der die Winkel liegen, die zusammen kleiner als zwei Rechte sind.*[9]

Es folgt eine Reihe einwandfrei bewiesener Theoreme. Für jedes davon greift Euklid ausschließlich auf seine fünf Axiome oder auf die Theoreme zurück, die er zuvor bewiesen hat. Das allerletzte Theorem des ersten Buches ist ein alter Bekannter: der Satz des Pythagoras.

Nach Euklid haben sich zahlreiche Mathematiker ebenfalls mit der Wahl der Axiome beschäftigt. Vor allem sein fünftes hat viele umgetrieben. Dieses letzte Axiom ist nämlich viel weniger elementar als die vier anderen und wurde daher manchmal durch eine Aussage ersetzt, die einfacher ist, aber zu denselben Schlussfolgerungen führt: *Durch einen außerhalb einer gegebenen Geraden liegenden Punkt kann man nur eine einzige Parallele zu der Geraden ziehen.* Die Debatten über das fünfte Axiom endeten erst im 19. Jahrhundert, und zwar mit der Formulierung neuer geometrischer Modelle, nach denen dieses Axiom falsch ist!

---

9 Euklid, *Die Elemente. Buch 1–13*, S. 2 f. Statt von «Axiomen» spricht diese Übersetzung von «Postulaten», bezeichnet die Postulate 4 und 5 allerdings in Klammern auch als Axiome 10 und 11. Zum 5. Postulat: In der Zeichnung unten ist die Summe der beiden bezeichneten Winkel kleiner als zwei rechte, was dazu führt, dass die Geraden 1 und 2 sich auf der Seite dieser Winkel schneiden.

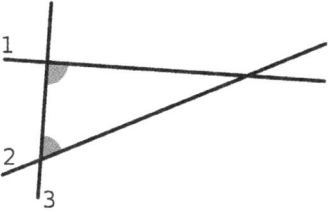

Auch die Aussagen der Axiome bergen ein Problem: das der Definitionen. All diese Wörter, die verwendet werden: Punkte, Strecken, Winkel, Kreise, was bedeuten sie? Wie nach Beweisen, so kann man auch nach Definitionen immer weiter fragen. Die erste Definition muss mit Wörtern formuliert werden, die noch nicht definiert worden sind.

In den *Elementen* gehen die Definitionen den Axiomen voraus. Der erste Satz des ersten Buches ist die Definition des Punktes:

Ein Punkt ist, was keine Teile hat.[10]

Daraus soll einer klug werden! Sagen will Euklid mit dieser Definition, dass der Punkt die kleinstmögliche geometrische Figur ist. Mit einem Punkt kann man nicht puzzeln, er *hat* keine Teile und *lässt* sich auch nicht teilen. In einer der ersten französischen Ausgaben der *Elemente* hat der Mathematiker Denis Henrion 1632 Euklids Definition in seinen Kommentaren ein wenig erweitert, indem er präzisierte, dass der Punkt weder Länge noch Breite noch Höhe habe.

Diese negativen Definitionen machen skeptisch. Indem man sagt, was ein Punkt *nicht* ist, sagt man doch nicht, was er *ist!* Aber wer wüsste etwas Besseres? Das müsste schon ein rechter Schlaukopf sein. In einigen Schulbüchern des frühen 20. Jahrhunderts war die folgende Definition zu lesen: *Ein Punkt ist die Spur, die ein angespitzter Bleistift hinterlässt, wenn man ihn auf ein Blatt Papier drückt.* Angespitzt! Das ist konkret. Doch bei dieser Definition wären Euklid, Pythagoras und Thales, die sich so viel Mühe gegeben hatten, geometrische Figuren zu abstrakten und idealisierten Objekten zu machen, an die Decke gegangen. Kein Bleistift, so spitz er auch sein mag, kann eine Spur hinterlassen, die weder Länge noch Breite noch Höhe hat.

10 Ebd., S. 1.

Kurzum, niemand kann wirklich sagen, was ein Punkt ist, aber jedermann ist überzeugt davon, dass die Idee einfach und klar genug ist, um keine Zweideutigkeiten entstehen zu lassen. Wir sind alle einigermaßen sicher, dass wir von derselben Sache sprechen, wenn wir das Wort «Punkt» gebrauchen.

Auf diesem Vertrauen in die ersten Definitionen und die Axiome ist die ganze Geometrie aufgebaut. Und demselben Modell folgt – es geht nicht anders – die ganze moderne Mathematik.

Definitionen – Axiome – Theoreme – Beweise: Der von Euklid eingeschlagene Weg hat die Routine der Mathematik bestimmt, die nach ihm kam. Doch während die Theorien sich organisierten und erweiterten, fanden neue Sandkörner ihren Weg in die Schuhe der Mathematiker: die Paradoxa.

Ein Paradoxon ist ein scheinbar unauflösbarer Widerspruch. Ein Gedankengang, der vollkommen richtig erscheint, aber zu einem absurden Ergebnis kommt. Stellen Sie sich vor, Sie hätten eine Liste von Axiomen aufgestellt, die Ihnen unanfechtbar erschienen, von denen Sie aber Theoreme abgeleitet haben, die offensichtlich falsch sind. Ein Albtraum!

Eines der berühmtesten Paradoxa wird Eubulides von Milet zugeschrieben und bezieht sich auf eine Formulierung des Dichters Epimenides. Der hatte eines Tages erklärt: «Die Kreter sind Lügner.» Das Problem dabei: Epimenides war selbst Kreter! Woraus folgt, dass er log, wenn das, was er sagte, wahr war – so dass dieses also falsch war. Und dass Epimenides umgekehrt, wenn sein Satz falsch war, log und der Satz also die Wahrheit sagte! In der Folgezeit sind mehrere Varianten desselben Paradoxons erdacht worden, deren einfachste darin besteht, dass jemand erklärt: «Ich lüge.»

Das Lügner-Paradoxon stellt ein Vorurteil in Frage, wonach jeder Satz entweder wahr oder falsch sein müsse. Eine dritte Möglichkeit gebe es nicht. In der Mathematik wird dieser Gedanke als «Satz vom ausgeschlossenen Dritten» bezeichnet. Auf den ersten Blick ist es verführerisch, aus diesem Satz ein Axiom zu machen. Doch das

Lügner-Paradoxon warnt uns: So einfach ist es nicht. Wenn eine Aussage ihre eigene Falschheit behauptet hat, kann sie logischerweise weder wahr noch falsch sein.

Diese Kuriosität hat die meisten Mathematiker bis heute nicht daran gehindert, den Satz vom ausgeschlossenen Dritten für wahr zu halten. Schließlich ist das Lügner-Paradoxon keine mathematische Aussage. Auch könnte man es als linguistisch inkonsistent statt als logisch widersprüchlich betrachten. Doch haben Logiker mehr als zweitausend Jahre nach Eubulides entdeckt, dass Paradoxa desselben Typs auch innerhalb der strengsten Theorien auftauchen können und dann zu tiefgreifenden Erschütterungen der Mathematik führen.

Der Grieche Zenon von Elea, der im 5. Jahrhundert vor unserer Zeitrechnung lebte, war ebenfalls Meister in der Kunst, Paradoxa zu ersinnen. Fast zehn Stück werden ihm zugeschrieben. Eines seiner berühmtesten ist das von Achilles und der Schildkröte.

Stellen Sie sich einen Wettlauf zwischen dem sehr sportlichen Achilles und einer Schildkröte vor. Um Chancengleichheit herzustellen, gesteht man der Schildkröte einen kleinen Vorsprung zu – sagen wir hundert Meter. Trotz dieses Vorsprungs scheint klar, dass Achilles, der viel schneller läuft als die Schildkröte, diese früher oder später einholen wird. Doch Zenon versichert uns das Gegenteil.

Sehen wir uns, sagt er, das Rennen in mehreren Etappen an. Um die Schildkröte einholen zu können, muss Achilles mindestens die hundert Meter laufen, die ihn von ihr trennen. In der Zeit, in der er diese hundert Meter zurücklegt, kommt auch die Schildkröte ein Stück voran, so dass Achilles noch eine Strecke laufen muss, um die Schildkröte einzuholen. Aber wenn er diese Strecke zurückgelegt hat, ist die Schildkröte ein weiteres Stück vorangekommen. Er muss also nochmals ein kleines Stück Weges laufen, an dessen Ende die Schildkröte wieder ein Stück vorangekommen sein wird.

Kurzum, jedes Mal, wenn Achilles den Punkt erreicht, an dem die Schildkröte war, ist sie ein Stück vorangekommen, wird also nie eingeholt. Und das bleibt wahr, auch wenn man noch so viele Etappen in Betracht zieht! Achilles scheint dazu verurteilt zu sein, der Schildkröte immer näher zu kommen, ohne sie jemals einholen, geschweige denn überholen zu können.

Absurd, nicht wahr? Man bräuchte ein solches Rennen nur zu veranstalten, um festzustellen, dass der Läufer die Schildkröte sehr wohl überholen würde. Dennoch scheint der Gedankengang unwiderlegbar; es scheint schwierig zu sein, in ihm einen logischen Fehler zu entdecken.

Die Mathematiker haben lange gebraucht, um dieses Paradoxon, das ein geschicktes Spiel mit dem Unendlichen treibt, zu durchschauen. Wenn die Läufer geradeaus laufen, kann ihre Bahn dem gleichgesetzt werden, was Euklid als Strecke bezeichnet. Eine Strecke hat eine endliche Länge, obwohl sie sich aus unendlich vielen Punkten zusammensetzt, deren Länge gleich null ist. Es gibt also in gewissem Sinne eine Unendlichkeit im Endlichen. Zenons Paradoxon unterteilt den Zeitraum, den Achilles benötigen wird, um die Schildkröte einzuholen, in unendlich viele, immer kleiner werdende Zeiträume.

Die unendlich vielen Etappen sind jedoch in einer endlichen Zeit enthalten und hindern Achilles nicht im Geringsten, die Schildkröte einzuholen, wenn diese Zeit abgelaufen ist.

Der Begriff des Unendlichen in der Mathematik ist vermutlich die größte Quelle für Paradoxa, aber auch die Wiege für die faszinierendsten Theorien.

Die Mathematiker haben stets eine ambivalente Einstellung zu Paradoxa gehabt. Einerseits repräsentieren diese ihre größte Gefahr: dass eine Theorie eines Tages ein Paradoxon gebiert und dass alle Fundamente und damit alle Theoreme, die man auf ihren Axiomen errichten zu können geglaubt hatte, in sich zusammenfallen. Andererseits: was für Herausforderungen! Paradoxa sind sehr ergiebige und vielversprechende Quellen für Gründe, scheinbar gesicherte Erkenntnisse in Frage zu stellen. Wenn ein Paradoxon auftaucht, ist das ein Zeichen dafür, dass uns etwas entgangen ist. Dass wir einen Begriff missverstanden, eine schlechte Definition gegeben, ein falsches Axiom gewählt haben. Dass wir etwas für evident gehalten haben, das es nicht war. Paradoxa sind Einladungen zu Abenteuern. Einladungen zum Überdenken selbst dessen, was wir für absolut gesichert halten. An wie vielen neuen Ideen und originellen Theorien wären wir vorbeigegangen, hätten nicht Paradoxa uns auf sie gestoßen?

Zenons Paradoxa haben zur Bildung neuer Begriffe vom Unendlichen und vom Messen inspiriert. Das Lügner-Paradoxon hat die Logiker zu einer immer subtiler gewordenen Suche nach Begriffen von Wahrheit und Beweisbarkeit motiviert. Noch heute kommen zahlreiche Forscher zu mathematischen Erkenntnissen, die im Keim schon in den Paradoxa der griechischen Gelehrten enthalten waren.

1924 stellten die Mathematiker Stefan Banach und Alfred Tarski ein Paradoxon vor, das heute ihren Namen trägt und das sogar das Puzzle-Prinzip in Frage stellt. So evident dieses nämlich erscheinen mag, es erweist sich als unzulänglich. Banach und Tarski konnten ein dreidimensionales Puzzle beschreiben, dessen Volumen davon abhängt, wie man die Teile ineinanderfügt! Ich komme darauf zurück. Die Teile, die die beiden Mathematiker sich ausgedacht hatten, sind jedoch so seltsam und bizarr, dass sie nichts mit den geometrischen Figuren gemein haben, mit denen die griechischen Geometer hantierten. Also keine Angst, das Puzzle-Prinzip bleibt gültig für alle Fälle, in denen die Teile die Form von Dreiecken, Quadraten oder anderen klassischen Figuren haben. Liu Huis Beweis für den Satz des Pythagoras ist noch immer hieb- und stichfest.

Das Banach-Tarski-Paradoxon aber soll uns eine Lehre sein: Misstrauen wir dem scheinbar Evidenten, und lassen wir uns von den Rätseln dieser mathematischen Welt, die die griechischen Gelehrten uns erschlossen haben, überraschen und in Staunen versetzen.

6

π und kein Ende

Anfang der 1930er Jahre nahm der französische Physiker und Nobelpreisträger Jean Perrin das Projekt eines Wissenschaftszentrums in Angriff, das die breite Öffentlichkeit für die Fortschritte in allen Zweigen der Wissenschaft interessieren sollte. 1937 wurde in Paris das Palais de la Découverte eröffnet. Die Ausstellungen, die nur sechs Monate dauern sollten, hatten so großen Erfolg, dass das Provisorium 1938 zur festen Einrichtung gemacht wurde. Achtzig Jahre nach ihrer Eröffnung zählt die in unmittelbarer Nähe zu den Champs-Élysées gelegene Institution, die den gesamten, 25 000 Quadratmeter großen Westflügel des Grand Palais einnimmt, immer noch jedes Jahr mehrere hunderttausend Besucher.

Nach dem Verlassen der Metro gehe ich die Avenue Franklin Roosevelt entlang, zum Eingang des Palais. Als ich die Stufen der Freitreppe erreiche, fällt mir etwas auf: 4, 2, 0, 1, 9, 8, 9. Eine seltsame Prozession von gedruckten Ziffern schlängelt sich über den Boden, steigt die Treppen hinauf und scheint ins Innere des Baus zu schlüpfen. Ungewöhnlich! Das letzte Mal, als ich hier war, waren die Ziffern noch nicht da. Ich folge ihnen: 1, 3, 0, 0, 1, 9. Ich betrete das Palais; sie sind immer noch da: 1, 7, 1, 2, 2, 6. Sie durchqueren das Rondell in der Mitte und laufen auf die große Treppe zu: 7, 6, 6, 9, 1, 4. Ich nehme je vier Stufen auf einmal, gehe am Eingang zum Planetarium vorbei und wende mich nach links: 5, 0, 2, 4, 4, 5. Die Ziffern führen mich geradewegs in die Abteilung für Mathematik. Ich sehe, wie sie sich ringeln, den Boden verlassen und die Wand entlang aufsteigen: 5, 1, 8, 7, 0, 7. Schließlich erreichen sie den Ort, von

dem sie ausgegangen sind: einen weiten kreisrunden Raum. Die
roten und schwarzen Ziffern sind größer geworden, sie kreisen an
der Wand und steigen dabei immer höher. Schließlich entdecken
meine Augen den Anfang der Reihe: 3, 1, 4, 1, 5 … Ich befinde mich
in der Salle π, einem der symbolträchtigen Räume des Palais de la
Découverte.

Die Zahl π ist ohne Zweifel die berühmteste und faszinierendste
mathematische Konstante. Die Kreisform des Saals erinnert mich daran, dass der Wert dieser Zahl zuinnerst mit der Geometrie des Kreises zusammenhängt: Sie ist die Zahl, mit der man den Durchmesser
eines Kreises multiplizieren muss, um seinen Umfang zu erhalten.
Der Buchstabe π (sprich «pi») ist übrigens der sechzehnte Buchstabe des griechischen Alphabets, so wie unser «p» der sechzehnte
Buchstabe des lateinischen Alphabets ist. Die Zahl π ist nicht sehr
groß, nur wenig größer als 3, aber ihre Dezimalbruchentwicklung
hat kein Ende: 3,14159265358979…

Zikaden singen in der sengenden Sonne. Die Gassen sind erfüllt von
Düften aus allen Ecken und Enden des Mittelmeerraumes. Auf den
Verkaufstischen der Händler liegen Oliven, Fische und Weintrau-
ben nebeneinander. Nördlich der Stadt hebt sich die imposante Sil-
houette des Ätna vom Horizont ab. Im Westen verbürgen die fruchtbaren Ebenen den Wohlstand der Kolonie, während sich im Osten
der Doppelhafen zum Meer hin öffnet. Syrakus verdankt sein Renommee und seine Macht dem Umstand, dass die vor fünfhundert
Jahren von griechischen Siedlern aus Korinth gegründete Stadt zu
einem der wichtigsten maritimen Verkehrsknotenpunkte in der Region geworden ist.

Hier wurde im Jahr 287 v. Chr. ein Mann geboren, dessen Genie
und Einfallsreichtum einen neuen Stil in der Mathematik begrün-
den. Archimedes ist vom Schlag der großen Erfinder, der Problem-
löser, einer derjenigen, die völlig neue, revolutionäre Ideen hervorbringen. Die Nachwelt wird ihm das Hebelprinzip verdanken und

eine technische Neuerung, die sie nach ihm benennen wird: die archimedische Schraube. Eine Legende wird behaupten, der geniale Grieche habe «Heureka!» («Ich hab's!») gerufen, nachdem er im Bad das physikalische Prinzip gefunden hatte, das später ebenfalls seinen Namen tragen wird und das besagt, dass jeder Körper, der in eine Flüssigkeit eingetaucht ist, einen Auftrieb erfährt, dessen Stärke dem Gewicht der verdrängten Flüssigkeit gleich ist – weshalb Gegenstände, die leichter sind als Wasser, oben schwimmen, während solche, die schwerer sind, zu Boden sinken. Und man wird erzählen, Archimedes habe einmal, als Syrakus von der Flotte der Römer belagert wurde, ein System von Spiegeln erfunden, mit dem die Sonnenstrahlen so gebündelt werden konnten, dass sie die sich nähernden feindlichen Schiffe in Brand setzten.

In der Mathematik macht Archimedes die ersten großen Schritte auf dem Weg zur Erkenntnis von π. Zwar haben sich vor ihm schon andere für den Kreis interessiert, doch fehlte es ihren Ansätzen an Strenge. So war in den *Neun Büchern* der Chinesen – Sie erinnern sich – von einem runden Feld mit einem Durchmesser von 10 pu bei einem Umfang von 30 pu die Rede – eine Angabe, die darauf hinauslief, dass π gleich 3 sei. Und die Näherungslösung für die Quadratur des Kreises im Papyrus des Ahmose entsprach einem Wert für π von ungefähr 3,16.

Archimedes dagegen begreift, dass es schwierig, ja unmöglich ist, einen exakten Wert von π zu errechnen. Also muss auch er sich mit Näherungswerten zufriedengeben. Aber er überschlägt die Differenz zwischen seinen Näherungswerten und dem tatsächlichen Wert von π, um dann Methoden zu entwickeln, mit denen sich die Abweichung immer weiter verringern lässt.

Aufgrund von Berechnungen kommt er schließlich zu dem Ergebnis, dass der gesuchte Wert zwischen zwei Zahlen liege, die in unserem Dezimalsystem ungefähr 3,1408 beziehungsweise 3,1428 entsprechen. Archimedes kennt π also bis auf 0,03 Prozent genau.

Die Methode des Archimedes

Um den Rahmen, in dem π liegen muss, zu errechnen, nähert Archimedes sich dem Kreis mit regelmäßigen Vielecken an. Nehmen wir als Beispiel einen Kreis, dessen Durchmesser 1 Einheit und dessen Umfang demzufolge π Einheiten misst, und umrahmen wir ihn mit einem Quadrat.

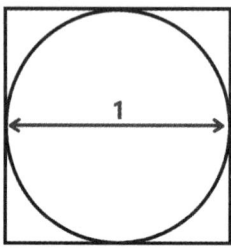

Das Quadrat hat eine Seitenlänge von 1 (entsprechend dem Durchmesser des Kreises) und demzufolge einen Umfang von 4. Daraus, dass der Umfang des Kreises kleiner ist als der des Quadrats, kann geschlossen werden, dass π kleiner ist als 4.

Jetzt zeichnen wir ein regelmäßiges Sechseck in den Kreis ein:

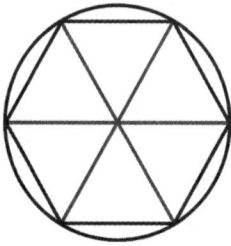

Das Sechseck besteht aus sechs gleichseitigen Dreiecken, deren Seiten jeweils 0,5 Einheiten lang sind (wie der halbe Durchmesser des Kreises). Der Umfang des Sechsecks misst also 6 × 0,5 = 3. Daraus kann geschlossen werden, dass π größer ist als 3!

Gut, bis hierher ist das nicht besonders aufregend; der Rahmen mit den Eckwerten 3 und 4 ist sehr grob. Um ihn zu verfeinern, sollten wir die Zahl der Seiten der Vielecke vergrößern. Wenn wir jede Seite des Sechsecks durch zwei Seiten ersetzen, erhalten wir eine Figur mit zwölf Seiten, die dem Kreis viel näher kommt.

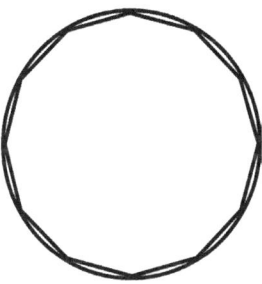

Einige stumpfsinnige geometrische Berechnungen später (hauptsächlich auf der Basis des Satzes des Pythagoras) kommt man zu dem Ergebnis, dass der Umfang des Zwölfecks bei etwa 3,11 liegt. Die Zahl π ist also größer als dieser Wert.

Um einen Rahmen zu erhalten, der auf 0,001 genau ist, wiederholt Archimedes die beschriebene Operation noch dreimal. Wenn man jede Seite durch zwei Seiten ersetzt, erhält man Vielecke mit erst 24, dann 48 und schließlich 96 Seiten.

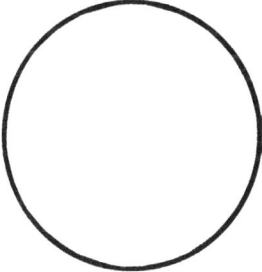

Sie sehen das Vieleck nicht? Das ist normal, weil die Seiten jetzt so nahe am Kreis liegen, dass es fast unmöglich ist, sie mit bloßem Auge zu erkennen. Archimedes aber kommt auf diese Weise zu dem Ergebnis, dass π größer ist als 3,1408. Und durch Wiederholung derselben Operation mit Vielecken, die den Kreis umrahmen, kann er ermitteln, dass π kleiner ist als 3,1428.

Was die Methode des Archimedes so leistungsfähig macht, ist außer der Tatsache, dass sie zu richtigen Ergebnissen führt, insbesondere der Umstand, dass sie stets wieder von neuem angewandt werden kann. Um unseren Rahmen immer weiter zu verfeinern, bräuchten wir nur unsere Vielecke immer weiter zu unterteilen. Theoretisch kann man sich π daher beliebig weit annähern – man muss nur den Nerv haben, die Berechnungen in Angriff zu nehmen.

Im Jahre 212 v. Chr. gelingt es den römischen Truppen schließlich, in Syrakus einzudringen. General Marcus Claudius Marcellus, der die Stadt belagert hat, befiehlt seinen Soldaten, den mittlerweile fünfundsiebzigjährigen Archimedes zu verschonen. Doch obwohl der Fall seiner Stadt bevorsteht, ist der griechische Gelehrte ins Studium eines geometrischen Problems vertieft und bekommt von den Kämpfen nichts mit. Als ein römischer Soldat vorbeikommt, ruft Archimedes, der seine Figuren in den Sand gezeichnet hat, ihm in Gedanken versunken zu: «Störe meine Kreise nicht!» Der Soldat empfindet das als Beleidigung und stößt dem alten Mann sein Schwert in den Leib.

General Marcellus lässt Archimedes mit einem erhabenen Grabmal ehren, über dem sich, zur Illustration eines der bemerkenswertesten Theoreme des griechischen Gelehrten, die Darstellung eines Zylinders mit einer Kugel darin erhebt. Einen Mathematiker vom Rang des Archimedes aber wird das Römische Reich in den ihm verbleibenden sieben Jahrhunderten nicht hervorbringen.

In Sachen Mathematik geht die Antike enttäuschend zu Ende. Das Römische Reich umfasst bald auch den ganzen Rand des Mittelmeers, und in dieser neuen Kultur verwässert sich die griechische

Identität. Doch eine Stadt erhält den Geist der griechischen Mathematiker noch einige Jahrhunderte lang am Leben: Alexandria.

Im Zuge seiner Eroberungen hatte Alexander der Große sich Ende 332 v. Chr. auch Ägypten untertan gemacht. Er war allerdings nur einige Monate geblieben, in denen er sich in Memphis zum Pharao ausrufen ließ und die Gründung einer neuen Stadt an der Mittelmeerküste befahl. Alexander hat die Stadt, der er seinen Namen gab, nie gesehen. Nach seinem Tod in Babylon im Jahre 323 v. Chr. wird sein Reich unter seinen Generälen aufgeteilt, wobei Ägypten an Ptolemaios I. fällt, der Alexandria zu seiner Hauptstadt macht. Unter seiner Regentschaft wird die Stadt Alexanders zu einer der blühendsten Städte des Mittelmeerraumes.

Ptolemaios verwirklicht die großen Projekte, die Alexander initiiert hatte. An der Spitze der Insel Pharos, die der Stadt gegenüberliegt, lässt er einen gigantischen Leuchtturm errichten. Es wird nicht lange dauern, bis die griechischen Autoren im Leuchtturm von Alexandria ein einzigartiges Monument erkennen und es zum siebten und letzten Weltwunder erklären.

Machen wir hier einen Augenblick halt, um das außergewöhnliche Panorama zu genießen, das sich den Augen eines Reisenden bietet, der es auf sich genommen hat, die mehrere hundert Stufen der Wendeltreppe hinaufzusteigen, die zur Spitze des Leuchtturms führen. Blicken Sie nach Norden. Das Mittelmeer erstreckt sich, so weit das Auge reicht. Von hier oben aus können Sie die Handelsschiffe mehr als fünfzig Kilometer weit kommen sehen. Eines fährt, den Bauch voller Waren, an Ihnen vorbei in den Hafen. Vielleicht kommt es aus Athen, aus Syrakus oder sogar aus Massalia, der dynamischen Stadt im Süden Galliens, die wir eines Tages Marseille nennen werden. Wenn Sie Ihren Blick jetzt nach Süden richten, liegt das Nildelta vor Ihnen. Fünf Kilometer landeinwärts sehen Sie eine Salzwasserfläche, die sich über das Delta hinweg erstreckt: den Mareotis-See. Auf dem breiten Streifen zwischen diesem See und dem Meer stellt die Stadt Alexandria ihren Glanz zur Schau. Alexandria ist eine

neue und moderne Stadt. Da und dort können Sie noch einige Bau-
stellen sehen.

Auf der Insel Pharos gibt es nicht nur den Leuchtturm, sondern
auch einen Isis-Tempel. Die Alexandriner erreichen ihn über das
Heptastadion, einen 1300 Meter langen Damm, der den Hafen in
zwei getrennte Becken teilt. Vom Leuchtturm herab können Sie die
winzigen Silhouetten der Passanten sehen. Wer aufs Festland zu-
rückkehrt, gelangt ins Königliche Viertel, in dem sich der Palast des
Ptolemaios, das Theater und der Poseidon-Tempel befinden. Etwas
weiter westlich zieht vor allem ein imposantes Bauwerk die Aufmerksamkeit auf sich: das Museion. Dorthin begeben wir uns jetzt.

Ptolemaios möchte mit diesem großen, der Bewahrung des Erbes
der griechischen Kultur dienenden Museum Alexandria zu einem
kulturellen Zentrum machen, das mit Athen konkurrieren kann.
Und dafür stellt er die Mittel bereit. Die Gelehrten, die im Museion
arbeiten, werden verwöhnt: Sie werden nicht nur bezahlt, sondern
erhalten auch unentgeltlich Kost und Logis. Außerdem haben sie
eine gigantische Bibliothek zur Verfügung: die legendäre Bibliothek
von Alexandria. Mehr noch als die großen Wissenschaftler, die dort
arbeiten, wird diese Bibliothek zum Renommee und Prestige des
Museions beitragen.

Um sie zu füllen, hat Ptolemaios es sich leicht gemacht: Alle
Schiffe, die Alexandria anliefen, mussten die an Bord befindlichen
Bücher abgeben. Die wurden dann abgeschrieben und verschwanden in den Sammlungen der Bibliothek. Ihre Besitzer auf den Schif-
fen erhielten die Abschriften! Erweitert werden die Bestände nach
derselben Methode. Später wird Ptolemaios II., Sohn und Nachfolger des I., alle Könige der Welt dazu aufrufen, ihm Exemplare der
berühmtesten Werke ihrer Region zu schicken. Bei ihrer Eröffnung
zählte die Bibliothek von Alexandria schon fast 400 000 Bände!
Später wird sie bis zu 700 000 haben.

Das Konzept des Ptolemaios geht wunderbar auf. Mehr als sieben
Jahrhunderte lang geben sich die Gelehrten in Alexandria die Klinke

in die Hand. Hier bewahrt das intellektuelle Milieu die Vitalität, an der es sonst in der Welt des Mittelmeers zunehmend mangelt.

Wen wird man später zu den berühmtesten Bewohnern des Museions zählen? Sicher Eratosthenes von Kyrene, den Ägypter mit griechischen Wurzeln, der als Erster den Erdumfang präzise bestimmte. Außerdem Euklid, der in Alexandria den größeren Teil seiner *Elemente* verfasst hat. Erwähnt sei auch der Algebraiker Diophantos, Autor eines berühmten Werkes über die Gleichungen, denen man später seinen Namen geben wird. Ebenfalls im Museion schließlich verfasst im 2. Jahrhundert unserer Zeitrechnung Klaudios Ptolemaios – mit dem König weder verwandt noch verschwägert und besser bekannt unter dem Namen Claudius Ptolemäus – den *Almagest*, ein Werk, das eine Vielzahl astronomischer und mathematischer Kenntnisse seiner Epoche versammelt. Obwohl Ptolemäus darin die Sonne sich um die Erde drehen lässt, bleibt der *Almagest* ein Referenzwerk, bis sich im 16. Jahrhundert Kopernikus zu diesem Thema zu Wort meldet.

Alexandria besteht aber nicht nur aus Gelehrten, die schreiben und der Welt neue Erkenntnisse bescheren. Vielmehr hat sich um das Museion herum auch ein ganzes Ökosystem aus Kopisten, Übersetzern, Kommentatoren und Herausgebern gebildet. Es wimmelt von solchen Leuten in der Stadt!

Doch im 4. Jahrhundert werden die Zeiten trübe. Am 16. Juni 391 erlässt Kaiser Theodosius I., der die Konversion des Reiches zur christlichen Religion beschleunigen will, ein Edikt, das alle heidnischen Kulte verbietet. Obwohl das Museion kein Tempel ist, ist es von der Entscheidung des Kaisers betroffen und wird umgehend dichtgemacht.

Eine der Figuren des intellektuellen Milieus von Alexandria ist damals eine gewisse Hypatia; ihr Vater Theon ist Direktor des Museions zum Zeitpunkt von dessen Schließung. So traurig dieses Ereignis auch ist, es hindert die junge Frau wie die übrigen Gelehrten der Stadt nicht daran, ihre Arbeit noch einige Zeit weiterzuführen. Sokrates Scholastikos wird später schreiben, um bei Hypatia zu studieren, die alle Männer ihrer Zeit an Gelehrsamkeit übertroffen habe, seien Interessierte von überall herbeigeströmt. Hypatia ist zugleich Mathematikerin und Philosophin. Und sie ist die erste Frau in der Geschichte der Mathematik.

Die erste? Nicht ganz. Vor Hypatia haben schon andere Frauen Mathematik betrieben, vor allem in der Schule des Pythagoras. Doch wird nur der eine oder andere Name bleiben – Theano, Autocharidas, Habroteleia –, kein Werk und keine Vita.

Auch von Hypatia wird kein Text auf die Nachwelt kommen. Doch immerhin, mehrere Quellen erwähnen ihre Arbeit. Sie interessiert sich vor allem für Arithmetik, Geometrie und Astronomie und knüpft insbesondere an die Jahrhunderte früher entstandenen Arbeiten von Diophantos und Ptolemäus an. Darüber hinaus ist sie eine produktive Erfinderin. Ihr ist das Hydrometer zu verdanken, mit dem man unter Verwendung des archimedischen Prinzips die Dichte einer Flüssigkeit messen kann, und ein neuer Sternhöhenmesser, ein sogenanntes Astrolabium.

Leider ist Hypatias Geschichte schnell zu Ende erzählt. Im Jahr 415 zieht sie sich den Zorn der Christen der Stadt zu, die daraufhin Jagd auf sie machen und sie ermorden. Ihr Leichnam wird zerstückelt und verbrannt.

Nach der Schließung des Museions und dem Tod der Hypatia erlischt die wissenschaftliche Flamme Alexandrias rasch. Die Sammlungen der Bibliothek bleiben davon nicht unberührt. Zudem erschüttern Brände, Plünderungen, Sturmfluten und Erdbeben die Stadt. Die Bibliothek von Alexandria verschwindet – wann genau und wie, wird bald niemand mehr wissen. Im 7. Jahrhundert ist jedenfalls nichts mehr von ihr da.

Eine Epoche ist zu Ende gegangen. Doch die Geschichte kennt auch Umwege, und auf ihnen wird uns die griechische Mathematik überliefert werden.

7

Nichts und weniger als nichts

Der 6714 Meter hohe Kailash in Tibet gehört zum kleinen Kreis jener Gipfel, die nie von Menschen bestiegen worden sind. Der rundliche Berg mit seinen Schneestreifen auf dem grauen Granit hebt sich als großer Klotz aus der zerklüfteten Landschaft des westlichen Himalaja heraus. Für die Bewohner der Region, für Hindus wie für Buddhisten, ist der von Mythen und wundersamen Geschichten umrankte Berg heilig. Man erzählt sich sogar, er sei der sagenhafte Berg Meru, der den örtlichen Mythologien zufolge im Mittelpunkt des Universums steht.

Hier entspringt der Indus, einer der sieben heiligen Flüsse der Region. Nachdem er die Hänge des Kailash hinter sich gelassen hat, wendet er sich nach Osten, schlängelt sich rasch zwischen den Bergen Kaschmirs hindurch und fällt dann langsam Richtung Süden ab. Dort, im heutigen Pakistan, durchfließt er die Ebenen des Punjab und des Sindh, bevor er sich deltaförmig ins Arabische Meer ergießt. Das Industal ist fruchtbar. In der Antike ist die Region von riesigen rauschenden Wäldern bedeckt. Es gibt hier indische Elefanten, Nashörner, bengalische Tiger, jede Menge Affen sowie Schlangen, die sich den Bemühungen von Männern und Frauen ausgesetzt sehen, sie mit Flöten zu beschwören. Man wäre auch kaum überrascht, abseits des Weges einem Wesen wie Mogli zu begegnen, dem Menschenkind aus dem *Dschungelbuch*, dessen Abenteuer in dieser Szenerie spielen. Hier nun entwickelt sich eine eigenständige Kultur, in der die Mathematik am Beginn des Mittelalters eine bestimmende Rolle spielen wird.

Im 3. Jahrtausend vor unserer Zeitrechnung entstehen in der Nähe des Flusses bedeutende Städte wie Mohenjo-Daro und Harappa. Aus der Ferne ähneln diese aus Lehmziegeln erbauten Städte ein wenig ihren zeitgenössischen Pendants in Mesopotamien. Im 2. Jahrtausend beginnt dann die vedische Epoche. Die Region wird in eine Vielzahl kleiner Königreiche aufgeteilt, die sich nach Osten hin bis zu den Ufern des Ganges erstrecken. Der Hinduismus wird geboren, entwickelt sich, und die ersten großen Sanskrittexte werden verfasst. Im 4. Jahrhundert erreicht Alexander der Große den Indus und gründet an seinen Ufern zwei Städte, die den Namen Alexandria erhalten, aber nie von der glanzvollen Bestimmung ihrer ägyptischen Schwester erfahren werden. Ein Teil der griechischen Kultur lebt sich in Indien ein. Es folgt die Zeit der großen Reiche. Gut ein Jahrhundert lang beherrschen die Maurya fast den gesamten indischen Subkontinent. Anschließend sind nach- und (mehr oder weniger friedlich) nebeneinander eine ganze Reihe von Dynastien an der Macht, bis im 8. Jahrhundert die Araber die Region erobern.

Zu dieser Zeit treiben die Inder schon seit einigen Jahrhunderten Mathematik, von der die Nachwelt leider nicht viel erfahren wird. Warum nicht? Aus einem einfachen Grund: Die indischen Gelehrten haben sich seit den Anfängen der vedischen Epoche ein Ideal der *mündlichen* Überlieferung von Wissen zu eigen gemacht, das dessen Niederschrift grundsätzlich ausschließt. Eine Generation muss es der nächsten, der Lehrer muss es dem Schüler mündlich beibringen. Die Texte werden in Form von Gedichten oder mit Hilfe raffinierter Mnemotechniken auswendig gelernt und anschließend aufgesagt – so oft, wie es nötig ist, um sie perfekt zu beherrschen. Man wird zwar später hier und da auf Ausnahmen von der Regel stoßen, auf Fragmente von Geschriebenem, die erhalten geblieben sind, aber die Ernte wird überaus dürftig sein.

Dennoch, die Inder betreiben Mathematik! Wie sonst wäre der Reichtum an Begriffen zu erklären, deren Kunde bis zu uns dringt, nachdem sie sich um das 5. Jahrhundert herum entschlossen haben,

das in Jahrhunderten mündlich angehäufte Wissen schriftlich nie-
derzulegen? Von da an erlebt Indien ein goldenes Zeitalter der Wissenschaften, dessen Erträge sich bald über die ganze Welt verbreiten.

Die indischen Gelehrten fangen an, lange Abhandlungen zu verfassen, die das überlieferte Wissen und ihre eigenen Entdeckungen
enthalten. Ruhm erwerben sich unter anderem Aryabhata, der sich
für Astronomie interessiert und sehr gute Näherungswerte für die
Zahl π errechnet, Varahamihira, der Fortschritte in der Trigonometrie
erzielt, und Bhaskara, der als Erster die Null in Form eines Kreises
schreibt und vom Dezimalsystem wissenschaftlich Gebrauch macht.
Ja, die zehn Ziffern 0, 1, 2, 3, 4, 5, 6, 7, 8 und 9, die man später ge-
wöhnlich als arabische Ziffern bezeichnen wird, sind in Wirklichkeit indische!

Doch wenn von den indischen Gelehrten dieser Epoche einer ganz
gewiss im Gedächtnis bleiben sollte, dann fiele die Wahl der Geschichte ohne Zweifel auf Brahmagupta. Brahmagupta lebt im 7. Jahrhundert und ist Leiter der Sternwarte von Ujjain. Diese am rechten
Ufer des Shipra im Herzen des heutigen Indien gelegene Stadt ist
damals eines der größten Wissenschaftszentren des Landes. Berühmt
ist sie vor allem für die besagte Sternwarte, weshalb schon Claudius
Ptolemäus in der großen Zeit Alexandrias von Ujjain wusste.

Im Jahr 628 veröffentlicht Brahmagupta sein Hauptwerk: das *Brah-
masphutasiddhanta*, in dem sich die erste vollständige Beschreibung
der Null und der negativen Zahlen samt ihren jeweiligen arithmetischen Eigenschaften findet.

In unserem heutigen Leben sind die Null und die negativen Zahlen so allgegenwärtig geworden – zum Messen von Temperaturen
und von Höhen über oder unter dem Meeresspiegel sowie zur Bestimmung des Saldos unseres Bankkontos –, dass uns kaum noch
bewusst ist, was für geniale Ideen das sind! Das Rechnen mit ihnen
war eine ungewöhnliche Übung in Gehirnakrobatik, die die indischen Gelehrten als Erste beherrschten. Sie in all ihren Subtilitäten

und zugleich in ihrer Leistungsfähigkeit zu verstehen ist ein intellektueller Hochgenuss, bei dem wir ein bisschen verweilen wollen, um die Umwälzungen, die die Mathematik in den nachfolgenden Jahrhunderten erfahren sollte, besser zu begreifen.

Eine der Fragen, die ich am häufigsten gestellt bekomme, wenn ich in der Öffentlichkeit von meiner Liebe zur Mathematik spreche, ist die nach dem Ursprung dieser Liebe. Wie kam es zu dieser – um das Mindeste zu sagen – merkwürdigen Neigung?, werde ich manchmal gefragt. Hat ein Lehrer Sie angesteckt mit seiner Leidenschaft? Haben Sie Mathe schon als Kind geliebt? Die Entstehung einer solchen Berufung weckt immer wieder die Neugier von Leuten, die bisher für diese Disziplin nicht zu gewinnen waren.

Offen gestanden kann ich ihre Frage nicht beantworten. Soweit ich mich erinnere, habe ich Mathematik immer geliebt, ohne dass ich ein bestimmtes Ereignis in meinem Leben ausmachen könnte, das mich auf diesen Weg gebracht hätte. Doch wenn ich länger nachdenke, kommt mir die intellektuelle Begeisterung in den Sinn, in die mich das plötzliche Erscheinen neuer Ideen in meinem Kopf versetzen konnte. Besonders stark war das der Fall, als ich eine erstaunliche Eigenschaft der Multiplikation entdeckte.

Ich muss neun oder zehn Jahre alt gewesen sein, als ich beim Herumtippen auf meinem Taschenrechner auf ein merkwürdiges Ergebnis stieß: $10 \times 0,5 = 5$. Wenn Sie 10 mit 0,5 multiplizieren, erhalten Sie 5, wagte mein Taschenrechner zu behaupten, zu dem ich damals ein ebenso blindes wie unvernünftiges Vertrauen hatte. Wie konnte man durch Multiplizieren einer Zahl eine kleinere erhalten? Sollte eine Multiplikation das Quantum, das sie multiplizierte, nicht vergrößern? Widersprach das Gegenteil nicht sogar dem Sinn des Wortes «multiplizieren»? Hätte mein geliebter Taschenrechner nicht besser daran getan, mir eine größere Zahl als 10 anzuzeigen?

Ich musste wochenlang immer wieder darüber nachdenken, bevor mir die Sache klar war. Der Groschen fiel an dem Tag, an dem ich auf die Idee kam, die Multiplikation geometrisch darzustellen, womit ich, ohne es zu wissen, auf den Spuren der antiken Denker wandelte. Wenn Sie ein Rechteck nehmen, das 10 Einheiten lang und 0,5 Einheiten breit ist, dann ist seine Fläche die von 5 kleinen Quadraten mit der Seitenlänge von 1 Einheit.

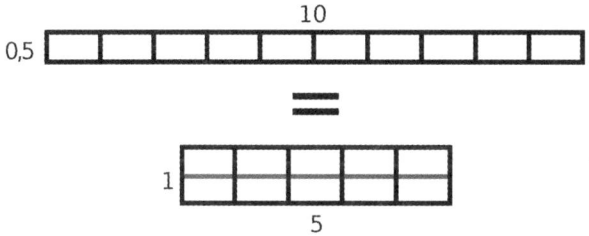

Mit anderen Worten, Multiplizieren mit 0,5 ist gleich Dividieren durch 2. Und dasselbe Prinzip gilt auch für andere Zahlen. Multiplizieren mit 0,25 ist gleich Dividieren durch 4; Multiplizieren mit 0,1 ist gleich Dividieren durch 10 und so weiter.

Die Erklärung leuchtet ein, aber das, was daraus folgt, hat etwas Verwirrendes: Das Wort «Multiplikation» bedeutet in der Mathematik nicht genau das Gleiche wie in der Umgangssprache. Wer würde im täglichen Leben sagen, er habe die Fläche seines Gartens «multipliziert», also vervielfacht, nachdem er die Hälfte davon verkauft hat? Wer würde sagen, sein Vermögen habe sich «multipliziert», also vervielfacht, nachdem er 50 Prozent davon verloren hat? So gesehen würde die biblische Vermehrung der Brote zu einem Wunder, das jeder vollbringen könnte: Essen Sie die Hälfte, und Sie haben es geschafft.

Wenn man diese Gedanken zum ersten Mal denkt, bekommt man eine Gänsehaut. Sie haben etwas wunderbar Verstörendes und klingen in unserem geistigen Ohr wie ein besonders gut erfundenes Wortspiel. Jedenfalls war das der Effekt, den die kuriosen Entdeckungen bei dem Kind hatten, das ich war. Viel klarer wurde mir dieses Befremdliche, als ich viele Jahre später in *Wissenschaft und Methode*, einem 1908 erschienenen Buch des Mathematikers Henri Poincaré, auf das Diktum stieß, wonach «die Mathematik die Kunst ist, verschiedenen Dingen denselben Namen zu geben».[11]

Dass sie verschiedenen Dingen denselben Namen gibt, das gilt allerdings in gewissem Umfang wohl für jede Sprache. Das Wort «Frucht» bezeichnet so verschiedene Dinge wie Apfel, Kirsche und Tomate. Jedes der speziellen Wörter für diese Dinge bezeichnet seinerseits eine Vielzahl von Sorten, deren Namen wiederum jeweils eine Vielzahl subtilerer Kategorien bezeichnen, sofern man nur hinreichend differenzierte botanische Analysen anstellt. Poincaré betont jedoch zu Recht, dass keine Sprache in diesem begrifflichen Subsumieren so weit geht wie die Sprache der Mathematik. Die Mathematik gestattet begriffliche Gleichsetzungen, die außer ihr keine Sprache zulässt. Für Mathematiker sind Multiplikation und Division ein und dieselbe Operation. Multiplizieren mit einer Zahl ist gleich Dividieren durch eine andere. Alles hängt vom Blickwinkel ab.

Auch um die Null und die negativen Zahlen zu erfinden, musste man gegen die alltägliche Intuition denken. Man musste ein und dieselbe Idee Begriffe umfassen lassen, die die Umgangssprache radikal verschieden behandelt. Die indischen Gelehrten waren die Ersten, die sich bewusst auf diesen Weg machten.

Glauben Sie mir, wenn ich Ihnen sage, dass ich schon eine bestimmte Anzahl von Malen auf dem Mars war oder eine bestimmte Anzahl von Malen Brahmagupta persönlich begegnet bin? Wahrscheinlich nicht. Und Sie hätten recht, denn diese Formulierungen bedeuten in unserer Sprache, dass ich tatsächlich auf dem Mars war beziehungsweise Brahmagupta begegnet bin. Doch in der Mathema-

---

11 Henri Poincaré, *Wissenschaft und Methode*. Autorisierte deutsche Ausgabe mit erläuternden Anmerkungen von F. und L. Lindemann. Leipzig und Berlin (Teubner) 1914, S. 23 (Übersetzung modifiziert).

tik braucht man sich nur vorzustellen, dass die besagten Anzahlen gleich null seien, um zu begreifen, dass ich nicht gelogen habe. Die Umgangssprache bedient sich *verschiedener* Strukturen, um zu sagen, dass etwas der Fall ist oder dass es nicht der Fall ist. Affirmation: «Ich war auf dem Mars.» Negation: «Ich war nicht auf dem Mars.» Dagegen tilgt die Mathematik diesen Unterschied, um das Unterschiedene ein und derselben Formel zu unterwerfen: «Ich war eine bestimmte Anzahl von Malen auf dem Mars.» Und diese Anzahl kann null sein.

Sie erinnern sich, dass es den Griechen schwergefallen war, die 1 als Zahl zu akzeptieren. Stellen Sie sich angesichts dessen vor, welche Revolution die Zuweisung des Begriffs der «Zahl» zu einem Nichtvorhandensein bedeutete! Schon vor den Indern war dieser Gedanke bei einigen Völkern aufgetaucht, aber keinem war es gelungen, ihn zu Ende zu denken. Die Mesopotamier waren im 3. Jahrhundert vor unserer Zeitrechnung die Ersten gewesen, die eine Ziffer 0 erfunden hatten. Davor hatte ihr Zahlensystem Zahlen wie 25 und 250 auf die gleiche Weise geschrieben. Dank der Ziffer 0, die eine Leerstelle bezeichnete, war keine Verwechslung mehr möglich. Doch gaben die Babylonier dieser 0 nie den Status einer Zahl, die geschrieben werden konnte, um ein völliges Nichtvorhandensein von Dingen zu bezeichnen.

Auch die Mayas, am anderen Ende der Welt, hatten eine Null erfunden. Ja nicht nur eine, sondern zwei! Die erste wurde, wie die der Babylonier, als Ziffer verwendet, um eine freie Stelle im Stellenwertsystem zu markieren, das bei ihnen auf zwanzig basierte. Dagegen könnte man die zweite Null tatsächlich als Zahl betrachten, doch machten die Mayas von ihr nur im Kontext ihres Kalenders Gebrauch. Jeder ihrer Kalendermonate zählte zwanzig Tage, die von 0 bis 19 nummeriert wurden. Diese Null wurde als alleinstehende Zahl verwendet, aber nicht für mathematische Zwecke genutzt. Die Mayas bedienten sich ihrer nie, um arithmetische Operationen durchzuführen.

Kurzum, Brahmagupta war tatsächlich der Erste, der sowohl die Null als Zahl als auch ihre Eigenschaften beschrieb: Wenn man von einer beliebigen Zahl sie selbst subtrahiert, erhält man null; wenn man zu einer Zahl null addiert oder null von ihr subtrahiert, bleibt die Zahl gleich. Für uns liegen diese arithmetischen Eigenschaften auf der Hand; aber die Tatsache, dass Brahmagupta sie so klar benannt hat, beweist uns, dass die Null für ihn endgültig eine Zahl wie alle anderen war.

Die Null war der Türöffner für die negativen Zahlen. Bis die Mathematiker diese endgültig akzeptiert hatten, sollte es jedoch noch länger dauern.

Als Erste kannten die chinesischen Gelehrten Quantitäten, die negativen Zahlen gleichkamen. Liu Hui beschreibt in seinen Kommentaren zu den *Neun Büchern* ein System von farbigen Stäben, die für positive oder für negative Quantitäten standen. Ein roter Stab stand für eine positive Zahl, ein schwarzer für eine negative. Liu Hui erklärt im Detail, wie diese beiden Sorten von Zahlen miteinander interagierten, vor allem wie sie sich addierten oder subtrahierten.

Diese Beschreibung ist bereits vollständig, doch fehlt zum Durchbruch noch ein Schritt – nämlich der, die positiven und die negativen Zahlen nicht als zwei verschiedene Gruppen zu betrachten, die miteinander interagieren können, sondern als Bestandteile ein und derselben Gesamtheit. Natürlich haben die positiven und die negativen Zahlen nicht immer die gleichen Eigenschaften, wenn es darum geht, Rechnungen anzustellen, aber sie haben zahlreiche Gemeinsamkeiten, die es erlauben, sie als verwandt zu betrachten. Vergleichen lässt sich das mit den geraden und den ungeraden Zahlen, die zwei verschiedene Clans mit verschiedenen arithmetischen Eigenschaften bilden, die aber dennoch zur selben großen Familie der Zahlen gehören.

Die Ersten, die die positiven und die negativen Zahlen zusammenführten, waren die indischen Gelehrten. Und die vollständige Beschreibung hat einmal mehr Brahmagupta im *Brahmasphutasid-*

dhanta vorgelegt. Auf den Spuren von Liu Hui hat er eine vollständige Liste der Regeln aufgestellt, denen die Operationen mit diesen
neuen Zahlen gehorchen. Er sagt uns unter anderem, dass die
Summe zweier negativer Zahlen negativ ist: $(-3) + (-5) = -8$, dass
das Produkt einer positiven und einer negativen Zahl negativ ist:
$(-3) \times 8 = -24$, und dass das Produkt zweier negativer Zahlen positiv ist: $(-3) \times (-8) = 24$. Die letztere Regel leuchtet nicht immer
gleich ein; in der Geschichte der Mathematik gehörte sie zu denen,
die es am schwersten hatten, akzeptiert zu werden. Noch heute ist
sie eine bekannte Falle, in die hineinzutappen sich die Schüler auf
der ganzen Welt hüten.

Warum ist minus mal minus plus?

In den Jahrhunderten, die ihrer Formulierung durch Brahmagupta folgten, haben die Multiplikationsregeln für Vorzeichen,
insbesondere die des «minus mal minus gleich plus», nicht aufgehört, Misstrauen und Fragen zu provozieren.

Das ging weit über die Welt der Mathematiker hinaus und
sorgte für viel Verwirrung, sobald die Regeln in den Schulen
gelehrt wurden. Im 19. Jahrhundert brachte kein Geringerer als
der französische Schriftsteller Stendhal sein Nichtverstehen
zum Ausdruck. Der Autor von *Rot und Schwarz* und *Die Kar-
tause von Parma* schrieb in seinem autobiographischen Roman
Das Leben des Henry Brulard:

*Nach meinem Dafürhalten war in der Mathematik jede Heuche-
lei ausgeschlossen, und in meiner jugendlichen Einfalt glaubte
ich, es müsse dies in allen andern Wissenschaften, die sie, wie
ich gehört hatte, anwandten, ebenso der Fall sein. Wie wurde
mir zumute, als ich merkte, dass kein Mensch mir erklären
konnte, wieso minus mal minus gleich plus ergibt ($-\times- = +$)!*
(Es ist das eine der Grundregeln der sogenannten Algebra.)
Noch schlimmer, als dass man mir diese Schwierigkeit nicht

erklärte (die doch zweifellos erklärbar ist, da sie ja zur Wahrheit führt), war der Umstand, dass man sie mir mit Gründen erklärte, die denen, die sie ins Treffen führten, offensichtlich selbst nicht recht klar waren. [...]

So sagte ich mir denn zuletzt, was ich mir noch heute sage: Es muss schon so sein, dass minus mal minus plus ergibt, da man ja diese Regel alle Augenblicke beim Rechnen anwendet und offensichtlich zu wahren *und* unanfechtbaren *Ergebnissen gelangt.*[12]

So befremdlich die Multiplikationsregeln für Vorzeichen auf den ersten Blick auch zweifellos wirken – wenn man sie mit Hilfe des von den chinesischen Gelehrten erfundenen Systems der farbigen Stäbe durchdenkt, erweisen sie sich als sinnvoll. Wir können uns dieses Systems zum Beispiel bedienen, um monetäre Gewinne und Verluste darzustellen. Nehmen wir an, dass ein schwarzer Stab für 5 Euro Haben, ein grauer dagegen für 5 Euro Soll, das heißt für −5 Euro stehe. Wenn Sie 10 schwarze und 5 graue Stäbe besitzen, beläuft sich Ihr Saldo demnach auf 25 Euro.

$$10 \times 5 € = 50 € \quad 5 \times (-5 €) = -25 €$$

Schauen wir uns jetzt die Fälle an, die eintreten, wenn Ihr Kontostand sich verändert. Stellen Sie sich vor, man gibt Ihnen 4 schwarze Stäbe dazu, dann erhöht sich Ihr Saldo um 20 Euro.

12 Stendhal (Henri Beyle), *Das Leben des Henry Brulard*. Übertragen von Walter Widmer. München (Winkler) 1956, S. 406 und 409.

Anders ausgedrückt: 4 × 5 = 20. Das Produkt zweier positiver Zahlen ist selber positiv. So weit, so gut.

Wenn man Ihnen aber 4 *graue* Stäbe gibt, das heißt viermal Soll, dann verringert sich Ihr Saldo um 20 Euro. Anders ausgedrückt: 4 × (−5) = −20. Eine positive Zahl multipliziert mit einer negativen ergibt eine negative. 20 Euro verlieren Sie ebenfalls, wenn man Ihnen 4 *schwarze* Stäbe *nimmt*, was darauf hinausläuft zu sagen: (−4) × 5 = −20. Die beiden letzten Fälle zeigen, dass jemandem Schulden aufzubürden denselben Effekt hat, wie ihm Geld zu nehmen. Einen negativen Betrag hinzuzufügen läuft darauf hinaus, einen positiven abzuziehen.

Jetzt zum entscheidenden Punkt: Wie entwickelt sich Ihr Saldo, wenn man Ihnen 4 graue Stäbe nimmt? Mit anderen Worten, was geschieht, wenn man Ihnen Schulden erlässt? Die Antwort ist klar: Ihr Saldo erhöht sich, Sie haben mehr Geld: (4) × (5) = 20. Einen negativen Betrag abzuziehen läuft darauf hinaus, einen positiven hinzuzufügen: minus mal minus ist plus.

Das Aufkommen der negativen Zahlen hat auch die Bedeutung der Begriffe Addition und Subtraktion verändert. Es ist wie bei der Multiplikation mit 0,5, die mit der Division durch 2 identisch ist: Wenn das Addieren einer negativen Zahl dem Subtrahieren einer positiven entspricht, dann verlieren diese beiden Operationen den Sinn, den sie in der Umgangssprache haben. In dieser ist Addieren mit Mehren synonym. Doch wenn ich −3 addiere, entspricht das dem Subtrahieren von 3: 20 + (−3) = 17. Und wenn ich (−3) subtrahiere, entspricht das dem Addieren von 3: 20 − (−3) = 23. Zur Erinnerung: Es geht darum, dass wir verschiedenen Dingen denselben Namen gegeben haben. Dank der negativen Zahlen sind Addition und Subtraktion die zwei Gesichter ein und derselben Operation.

Dieses Quidproquo der Wörter und der Anschein des Paradoxen, der in Formeln wie «minus mal minus ist plus» liegt, standen der Bereitschaft, die negativen Zahlen zu akzeptieren, in hohem Maße entgegen. Noch lange nach Brahmagupta taten viele Gelehrte vornehm, wenn es um diese furchtbar praktischen, aber so schwer zu begreifenden Zahlen ging. Einige nannten sie die «absurden Zahlen» und ließen sich zur Verwendung derselben in ihren Zwischenberechnungen nur unter der Bedingung herab, dass sie im Endergebnis nicht mehr auftauchten. Erst im 19. oder gar im 20. Jahrhundert wurde die Legitimität dieser Zahlen voll anerkannt und ihre Verwendung endgültig eingeführt.

Im Jahr 711 stürmen zweitausend von Westen kommende Reiter und Kameltreiber ins Industal – die Truppen von Muhammad ibn al-Qasim, einem jungen arabischen Heerführer von nicht einmal zwanzig Jahren. Besser ausgerüstet und vorbereitet als die fünfzigtausend Mann starke Armee des Radscha Dahir, vernichten sie diese und erobern den Sindh und das Flussdelta. Für die Bevölkerung ist das tragisch: Tausende Soldaten werden enthauptet, und die Region wird ausgeplündert.

Doch für die Verbreitung der indischen Mathematik ist die Ankunft des noch jungen arabisch-islamischen Reiches vor den Toren Indiens eine Chance. Die arabischen Gelehrten machen von den Entdeckungen, die sie vorfinden, rasch in ihrer eigenen Arbeit Gebrauch und verschaffen ihnen auf diese Weise eine weltweite Resonanz, die noch in der Mathematik des 21. Jahrhunderts leise widerhallt.

8

Wozu Dreiecke gut sind

Im Jahr 762 sind wir wieder in Mesopotamien – dort, wo alles an-fing. Während Babylon nur noch ein Ruinenfeld ist, kommen hun-dert Kilometer weiter nördlich gewaltige Arbeiten in Gang. Hier, am rechten Ufer des Tigris, lässt Abu Dschafar al-Mansur, der zweite Kalif der Abbasiden, seine neue Hauptstadt erbauen.

Das arabisch-islamische Reich hat zu dieser Zeit ein Jahrhundert rasanter Expansion hinter sich. Einhundertdreißig Jahre zuvor, also 632 – Brahmagupta hatte gerade die Arbeit am *Brahmasphutasid-dhanta* beendet –, war in Medina Mohammed gestorben. Als seine Nachfolger eroberten die Kalifen Region für Region und verbreiteten den Islam in einem Gebiet, das von Südspanien über Nordafrika, Per-sien und Mesopotamien bis zu den Ufern des Indus reicht.

Al-Mansur herrscht über ein Kalifat von mehr als zehn Millionen Quadratkilometer Fläche. Heute wäre dieses Territorium das zweit-größte der Welt – nach Russland, aber vor Kanada, den Vereinigten Staaten und China. Al-Mansur ist ein aufgeklärter Kalif. Für die Errichtung seiner Hauptstadt hat er die besten Architekten, Hand-werker und Künstler der arabischen Welt kommen lassen. Die Wahl des Ortes hat er seinen Geographen anvertraut, die des Datums für den Beginn der Arbeiten seinen Astrologen.

Mehr als einhunderttausend Arbeiter brauchen vier Jahre, um die Stadt, von der er träumt, aus dem Boden zu stampfen. Das Be-sondere an ihr: Sie ist vollkommen rund. Die kreisförmige doppelte Stadtmauer mit einer Länge von acht Kilometern ist mit einhun-dertzwölf Türmen befestigt und hat vier einander gegenüberliegende, nach den vier Himmelsrichtungen ausgerichtete Tore. Im Zentrum der Stadt liegen die Kasernen, die Moschee und der Kalifenpalast, dessen grüne Kuppel ihren höchsten Punkt fast fünfzig Meter über der Erde hat und rundherum fast zwanzig Kilometer weit sichtbar ist.

Bei ihrer Gründung heißt die Stadt Madinat as-Salam, die Stadt des Friedens. Man wird sie auch Madinat al-Anwar, die Stadt der Aufklärung, und Asimat ad-Dunya, die Hauptstadt der Welt, nennen. In die Geschichte eingehen wird die Stadt al-Mansurs jedoch unter einem anderen Namen: Bagdad.

Bagdad liegt am Schnittpunkt bedeutsamer Handelswege, und so dauert es nicht lange, bis die Bevölkerung der Stadt mehrere hunderttausend Einwohner hat. Die Straßen wimmeln von Kaufleuten aus allen Ecken und Enden der Welt. Auf den Verkaufstischen liegen Seide, Gold und Elfenbein, die Luft ist von Düften und Gewürzaromen erfüllt, und die Stadt hallt von Geschichten aus der Ferne wider. Es ist die Epoche von *Tausendundeiner Nacht* und legendenhaften Erzählungen von Sultanen, Wesiren und Prinzessinnen, aber auch von fliegenden Teppichen, Dschinnen und Wunderlampen.

Al-Mansur und die Kalifen nach ihm wollen aus Bagdad eine Stadt ersten Ranges auf kulturellem und wissenschaftlichem Gebiet machen. Um die größten Gelehrten anzulocken, besinnen sie sich auf einen Köder, der sich schon tausend Jahre zuvor in Alexandria bewährt hat: eine Bibliothek. Ende des 8. Jahrhunderts beginnt Kalif Harun ar-Raschid mit dem Aufbau einer Büchersammlung, die das angehäufte Wissen der Griechen, der Mesopotamier, der Ägypter und der Inder bewahren und zum Leben erwecken soll.

Viele Werke werden abgeschrieben und ins Arabische übersetzt: zuerst die der Griechen, die in intellektuellen Kreisen noch in großer Zahl im Umlauf sind. Innerhalb weniger Jahre erscheinen mehrere arabische Ausgaben der *Elemente* Euklids. Übersetzt werden auch mehrere Abhandlungen des Archimedes, darunter die *Kreismessung*, außerdem der *Almagest* des Ptolemäus und die *Arithmetik* des Diophantos.

Anfang des 9. Jahrhunderts veröffentlicht der Mathematiker Muhammad al-Chwarizmi ein bedeutendes Werk, das *Buch über die indische Zahlschrift*, in dem er das Dezimalsystem indischer Provenienz beschreibt. Dank dieser Arbeit verbreiten sich die zehn Ziffern einschließlich der Null in der ganzen arabischen Welt, um von dort aus auch den Rest der Welt zu erobern. Auf Arabisch heißt die Null *zifr*, was «leer» bedeutet. In Europa verdoppelt sich dieses Wort: Zum einen geht es als *zefiro* ins Italienische ein, woraus ital. und engl. *zero*, frz. *zéro* werden, zum anderen wird es zum lateinischen *cifra*, «Ziffer». Die indischen Wurzeln der zehn Symbole werden die Europäer vergessen und von «arabischen» Ziffern sprechen.

Harun ar-Raschid stirbt 809, und sein Sohn al-Amin folgt ihm nach. Er herrscht jedoch nicht lange: 813 wird er von seinem Bruder al-Mamun vom Thron gestürzt.

Von al-Mamun erzählt eine Legende, er sei eines Nachts im Traum von Aristoteles besucht worden. Das Gespräch mit dem griechischen Philosophen habe den jungen Kalifen so nachhaltig beeindruckt, dass er beschlossen habe, den wissenschaftlichen Forschungen einen neuen Impuls zu geben und seine Stadt für noch mehr Gelehrte attraktiv zu machen. So weit die Legende. Sicher ist, dass 832 in der Bibliothek von Bagdad eine Einrichtung ins Leben gerufen wird, die der Bewahrung und Weiterentwicklung des wissenschaftlichen Wissens dienen soll. Sie erhält den Namen Bayt al-Hikma, Haus der Weisheit.

Der Kalif ist in die Entwicklung der Institution, deren Bestimmung an die des Museions in Alexandria erinnert, stark involviert. Er tritt direkt an ausländische Mächte, etwa das Byzantinische Reich, heran, um dafür zu sorgen, dass seltene Werke ihren Weg nach Bagdad finden, wo sie abgeschrieben und übersetzt werden. Er bestellt bei den Gelehrten Werke, die im gesamten Kalifat verbreitet werden sollen. Er wohnt sogar manchmal wissenschaftlichen oder philosophischen Diskussionen bei, die mindestens einmal wöchentlich im Bayt al-Hikma stattfinden.

Das Haus der Weisheit wird im Laufe der Jahrhunderte zu einem Vorbild für die gesamte arabische Welt. Auch viele andere Städte gründen Bibliotheken und sonstige Institutionen als Arbeitsstätten für ihre Gelehrten. Zu den einflussreichsten und aktivsten gehören die im 10., 11. beziehungsweise 14. Jahrhundert ins Leben gerufenen kulturellen Einrichtungen von Córdoba in Andalusien, von Kairo in Ägypten und von Fes im heutigen Marokko.

Sehr gefördert wird diese wissenschaftliche Dezentralisierung durch das Aufkommen des Papiers, einer ursprünglich aus China stammenden und im Jahr 751 beinahe zufällig in der Schlacht am Talas im heutigen Kasachstan wiederentdeckten Erfindung. Das Papier erleichtert das Abschreiben und den Transport von Büchern. Man braucht sich nicht mehr nach Bagdad zu begeben, um über die neuesten Entdeckungen auf den Gebieten der Mathematik, der Astronomie oder der Geographie auf dem Laufenden zu sein. Bedeutende Wissenschaftler können in jedem Winkel des arabisch-islamischen Reiches arbeiten und innovative Werke verfassen.

Die Pflasterarbeiten der Alhambra

Während im Bayt al-Hikma große Geister die Geschichte der Mathematik fortschreiben, geht in den Straßen Bagdads und der übrigen arabischen Städte eine andere Geschichte weiter. Der Islam verbannt die Darstellung von Menschen und Tieren aus Moscheen und anderen religiösen Stätten. Um dieses Verbot wettzumachen, legen die arabischen Künstler eine atemberaubende Kreativität in der Ausarbeitung dekorativer geometrischer Muster an den Tag.

Sie erinnern sich an die ersten sesshaften Handwerker Mesopotamiens, die sich Muster ausdachten, um damit ihre Tongefäße
zu dekorieren. Ohne es zu wissen, hatten sie die sieben möglichen Kategorien von Friesen gefunden. Außer Mustern, die
sich, wie die auf Friesen, nur in *einer* Richtung wiederholen,
kann man sich auch solche ausdenken, die sich in *zwei* Richtungen wiederholen, um als sogenannte Pflasterarbeiten ganze
Flächen zu bedecken. Das ist es, was die arabischen Künstler
tun. Sie pflastern die Straßen Bagdads und der anderen arabischen Städte nach und nach mit Mustern einer extravaganten
Geometrie, die zu einem Markenzeichen der islamischen Kunst
werden wird.

Einige Pflasterarbeiten sind recht simpel:

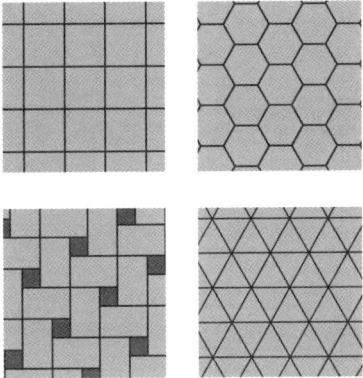

Andere sind komplexer:

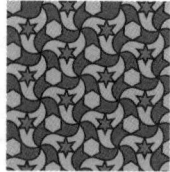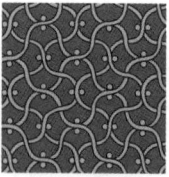

Später werden die Mathematiker beweisen, dass es insgesamt siebzehn Kategorien von Pflasterungen gibt und geben kann, bei denen die geometrischen Transformationen die Muster unverändert lassen. Jede dieser Kategorien lässt Raum für unendlich viele Varianten. Ohne das Theorem zu kennen, entdecken die arabischen Künstler die siebzehn Kategorien und deklinieren sie in der Architektur wie in der Ornamentierung von Kunstgegenständen und Dingen des täglichen Lebens meisterhaft durch.

Die Alhambra in Granada, Andalusien, ist eines der bedeutendsten Zeugnisse des Islams im mittelalterlichen Spanien. Jährlich besuchen sie mehr als zwei Millionen Touristen. Nur wenige von ihnen wissen indes, dass diese Stadtburg bei Mathematikern für etwas ganz Bestimmtes berühmt ist: Verstreut (und manchmal gut versteckt) in den Sälen und den Gärten der Alhambra sind nämlich alle siebzehn Kategorien von Pflasterungen zu finden.

Wenn Sie also jemals einen Tag in Granada verbringen, dann wissen Sie, was Sie zu tun haben.

Bleiben wir aber noch eine Weile in Bagdad und wagen uns ins Bayt al-Hikma, um zu sehen, was darin vor sich geht. Was ist das für eine Mathematik, die sich diese arabischen Mathematiker für uns ausdenken? Wovon handeln die gerade erst verfassten Bücher, die sich in den Regalen der Bibliothek stapeln?

Eine der Disziplinen, die sich in dieser Epoche am stärksten weiterentwickeln, ist die Trigonometrie, das heißt die Wissenschaft von der Vermessung von Dreiecken. Auf den ersten Blick mag das enttäuschend wenig sein, haben sich doch schon die Völker der Antike mit Dreiecken befasst, wie der Satz des Pythagoras bezeugt. Doch die Araber gehen in ihren Forschungen so viel weiter, dass sie daraus eine Disziplin von bemerkenswerter Genauigkeit machen, deren Resultate noch im 21. Jahrhundert in vielerlei Dingen Anwendung finden.

Anders, als man glauben könnte, sind Dreiecke nicht immer leicht zu begreifen, und so waren in der Antike zahlreiche Punkte ungeklärt geblieben. Um ein Dreieck genau zu kennen, muss man grundsätzlich sechs Dinge wissen: wie lang die drei Seiten sind und wie groß die drei Winkel.

Doch um von der Trigonometrie in der Praxis Gebrauch zu machen, ist es oft viel einfacher, den Winkel zwischen zwei Richtungen zu messen als die Entfernung zwischen zwei Punkten. Die Astronomie ist dafür das schlagende Beispiel. Die Frage, wie weit die Sterne am Nachthimmel voneinander entfernt sind, ist im Mittelalter so schwer zu beantworten, dass dafür noch Jahrhunderte vergehen müssen. Viel leichter ist es, die Winkel zu messen, die diese Sterne zu je dreien miteinander oder mit dem Horizont bilden. Ein einfacher Oktant, Vorläufer des Sextanten, genügt. Auf dieselbe Weise kann ein Geograph, um die Karte eines Gebietes zu zeichnen, leicht die Winkel eines von drei Bergen gebildeten Dreiecks messen. Es bedarf dafür nur einer Alhidade, eines mit einer Visiereinrichtung versehenen Winkelmessers. Um die Karte dann im Raum zu verorten, genügt ein einfacher Kompass zur Messung des Winkels zwischen Norden und einer gegebenen Richtung. Die Entfernung zwischen den drei Bergen zu messen würde dagegen nicht nur die viel schwerere Besteigung derselben erfordern – Alexander und seine Bematisten hätten davon ein Lied singen können –, sondern auch viel kompliziertere Berechnungen.

Es geht um die Beantwortung der folgenden Frage: Wie können wir alle Daten eines Dreiecks ermitteln, ohne mehr Entfernungen messen zu müssen als unbedingt nötig? Die arabischen Trigonometer stehen vor einem ähnlichen Problem wie dem, das der Kreis ein Jahrtausend zuvor Archimedes bereitet hat. Denn wenn man alle Winkel eines Dreiecks kennt, aber keine seiner Seitenlängen, dann kann man daraus nur seine Form ableiten, nicht seine Größe. Beweis: Die folgenden Dreiecke haben alle dieselben Winkel, aber die Längen ihrer Seiten unterscheiden sich.

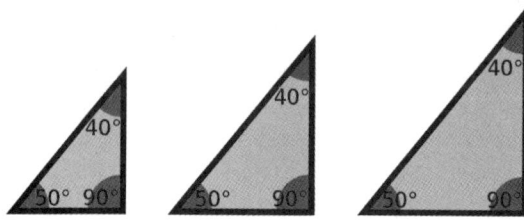

Alle haben die gleichen Proportionen. Wenn man sich beispielsweise fragt, mit welcher Zahl man die Länge der längsten Seite multiplizieren muss, um die der kürzesten zu erhalten, dann kommt man bei allen drei Dreiecken zum gleichen Ergebnis: 0,64! Es ist ähnlich wie beim Umfang eines Kreises, den man, egal wie groß dieser ist, immer durch Multiplikation seines Durchmessers mit π erhält.

0,64? *Ungefähr* 0,64! Ebenso wenig wie π lässt sich diese Proportion *genau* berechnen, so dass man sich mit Näherungswerten begnügen muss. Etwas genauer ist 0,642, noch genauer 0,64278, aber auch das ist nicht exakt. Die Dezimalschreibung dieser Zahl hat unendlich viele Ziffern hinter dem Komma. Dasselbe gilt für die anderen Relationen, die man bei diesen Dreiecken berechnen kann. So erhält man die Länge der mittleren Seite, wenn man die der längsten mit ungefähr 0,766 und die der kürzesten mit ungefähr 1,192 multipliziert.

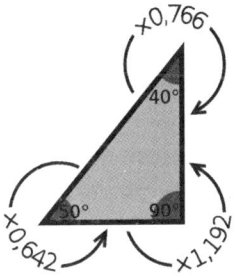

Da es unmöglich war und ist, den drei Relationen genaue Werte zuzuordnen, haben die Mathematiker ihnen Namen gegeben, um sie besser studieren zu können. Je nach Ort und Epoche unterschieden sich die Begriffe, doch heute sprechen wir allgemein von «Kosinus», «Sinus» und «Tangens». Es wurden auch verschiedene Varianten erfunden und angewandt, bevor sie dem Vergessen anheimfielen. Der *seked*, dessen die Ägypter sich bedienten, um die Steigung ihrer Pyramiden zu berechnen, ist ein Beispiel dafür. Die von den Griechen eingeführte Sehne, die der Relation in einem gleichschenkligen Dreieck entspricht, ist ein anderes.

Die trigonometrischen Relationen werfen noch ein weiteres Problem auf: Ihre Werte variieren von einem Dreieck zum anderen. So gelten die Relationen 0,642, 0,766 und 1,192 nur für Dreiecke mit Winkeln von 40°, 50° und 90°. Betrachtet man dagegen ein rechtwinkliges Dreieck mit Winkeln von 20°, 70° und 90°, so liegen die Werte für Kosinus, Sinus und Tangens bei etwa 0,342, 0,940 und 2,747! Damit standen die Trigonometer vor viel größeren Aufgaben, als sie erwartet hatten. Es ging nicht einfach nur darum, eine Zahl oder auch drei Zahlen zu errechnen, sondern es waren ganze Tabellen mit Zahlen für alle möglichen Winkel aufzustellen!

Auf der nächsten Seite ist eine trigonometrische Tabelle für rechtwinklige Dreiecke abgebildet, bei denen einer der Winkel zwischen 10° und 80° variiert. Sie sehen, dass bei jedem Dreieck nur die Größe *eines* Winkels angegeben ist. Die Größe der beiden anderen Winkel anzugeben ist auch nicht nötig, da sie sich leicht ermitteln lässt: Der rechte Winkel misst immer 90°, und da die Summe der drei Winkel eines Dreiecks immer 180° beträgt, lässt sich die Größe des dritten Winkels errechnen. Eigentlich hätten die Dreiecke nicht einmal gezeichnet werden müssen: Die bloße Angabe der einen Winkelgröße hätte genügt, um die Dreiecke zu konstruieren. Darum enthält die erste Spalte trigonometrischer Tabellen im Allgemeinen nur die Winkelgröße. Man sagt dann, der Kosinus von 10° ist 0,9848 oder der Tangens von 50° ist 1,1918.

Dreieck	Kosinus	Sinus	Tangens
10°	0,9848	0,1736	0,1763
20°	0,9397	0,3420	0,3640
30°	0,8660	0,5	0,5774
40°	0,7660	0,6428	0,8391
50°	0,6428	0,7660	1,1918
60°	0,5	0,8660	1,7321
70°	0,3420	0,9397	2,7475
80°	0,1736	0,9848	5,6713

Eine trigonometrische Tabelle ist notabene nie vollkommen. Es ist immer möglich, sie zu verbessern, sei es durch Errechnung genauerer Näherungswerte für die berücksichtigten Relationen, sei es durch Verfeinerung des Spektrums der dargestellten Dreiecke. In meiner Liste steigert sich die Größe des angegebenen Winkels stufenweise um 10°, aber besser wäre eine Steigerung um 1° oder gar um 0,1°. Immer feinere trigonometrische Tabellen zu errechnen war eine unendliche Aufgabe, in die sich Generationen von Mathematikern hineingekniet haben. Erst die Entwicklung elektronischer Rechner im 20. Jahrhundert hat meinen Berufsstand schließlich von dieser Bürde befreit.

Die ersten trigonometrischen Tabellen haben vermutlich die Griechen aufgestellt. Die ältesten überlieferten finden sich im *Almagest* des Ptolemäus und wurden von Hipparchos von Nikaia, einem Mathematiker des 2. Jahrhunderts vor unserer Zeitrechnung, übernommen. Ende des 5. Jahrhunderts veröffentlichte dann der indische Gelehrte Aryabhata eigene Tabellen. Die berühmtesten Tabellen des Mittelalters arbeiteten die Perser Omar Chayyam im 11. und Dschamschid al-Kaschi im 14. Jahrhundert aus.

Die Gelehrten der arabischen Welt spielten nicht nur durch ihre Errechnung genauerer Tabellen eine führende Rolle, sondern auch und vor allem durch das, was sie damit anfingen. Sie brachten die Kunst, mit diesen Daten zu jonglieren und sie so effektiv wie möglich zu nutzen, zur Vollendung.

So veröffentlichte al-Kaschi 1427 ein Werk mit dem Titel *Miftah al-hisab* («Schlüssel des Rechnens»), das eine Verallgemeinerung des Satzes des Pythagoras enthält. Dank cleverer Verwendung des Kosinus war es al-Kaschi gelungen, einen Satz aufzustellen, der sich auf *alle* Dreiecke, nicht nur auf rechtwinklige, anwenden lässt. Al-Kaschis Kosinussatz ergänzt den Satz des Pythagoras, indem er sagt: Wenn ein Dreieck nicht rechtwinklig ist, ist die Summe der Quadrate der beiden ersten Seiten nicht gleich dem Quadrat der dritten. Sie wird diesem jedoch gleich, wenn man eine Korrekturgröße addiert, die sich unmittelbar aus dem Kosinus des Winkels zwischen den beiden ersten Seiten errechnen lässt.

Als al-Kaschi das veröffentlichte, war er in der Welt der Mathematik kein Unbekannter mehr, hatte er sich doch schon drei Jahre zuvor durch Errechnung eines Näherungswerts für π bis zur sechzehnten Dezimalstelle einen Namen gemacht. Bis zur sechzehnten Dezimalstelle – das war Rekord! Aber während Rekorde dafür da sind, gebrochen zu werden,[13] bleiben mathematische Sätze bestehen. Al-Kaschis Kosinussatz ist auch heute noch eines der meistgenutzten Theoreme der Trigonometrie.

Paris, Rive Gauche. Es ist Juni, und ich habe mich in einen Fremdenführer der besonderen Art verwandelt. Ich gehe heute mit einer Gruppe von etwa zwanzig Personen durch die Straßen des Quartier Latin – auf den Spuren der Mathematik und ihrer Geschichte. Als nächster Zwischenhalt ist der Jardin des Grands Explorateurs, der Garten der großen Entdecker, vorgesehen. Im Norden sieht man die imposanten symmetrischen Baumreihen des Jardin du Luxembourg auf das Palais du Sénat zulaufen. Im Süden wölbt sich die Kuppel des Pariser Observatoriums über den Dächern der Stadt.

Wir folgen der Achse des Gartens nach Süden und balancieren damit gleichsam wie Seiltänzer genau auf der Linie des Meridians von Paris. Ein Schritt nach links, und wir befinden uns in der östlichen Hemisphäre der Welt. Zwei Schritte nach rechts, und wir sind auf die westliche Hemisphäre übergewechselt. Vor uns läuft der Meridian mitten durch das fünfhundert Meter entfernte Observatorium hindurch, verschwindet hinter ihm im 14. Arrondissement und verlässt Paris durch den Parc Montsouris. Anschließend durchrast er die ländlichen Gegenden Frankreichs und den Nordostzipfel Spaniens, stürmt durch den afrikanischen Kontinent und den Antark-

---

13 Einhundertsechsundsechzig Jahre später errechnete der holländische Mathematiker Ludolph van Ceulen nicht weniger als 35 Dezimalstellen.

tischen Ozean und endet am Südpol. Hinter uns durchläuft er die
Straßen von Montmartre, lässt die Britischen Inseln und Norwegen
links beziehungsweise rechts liegen, um schließlich den Nordpol
zu erreichen.

Den genauen Verlauf des Meridians zu ermitteln war nicht einfach,
weil dazu präzise Vermessungen über weite Entfernungen notwendig
waren. Wie ließ sich beispielsweise die Entfernung zweier Punkte
messen, zwischen denen ein Berg lag, ohne über diesen hinwegzu-
steigen? Um solche Probleme zu lösen, haben die Gelehrten des frühen 18. Jahrhunderts den Meridian durch eine vom Norden in den
Süden Frankreichs laufende ununterbrochene Folge virtueller Dreiecke eingefasst.

Als Verankerungspunkte für diese sogenannte Triangulation wurden erhabene Punkte wie Hügel, Berge oder Kirchtürme gewählt,
von denen aus jeweils die beiden anderen Punkte eines Dreiecks
anvisiert werden konnten, um den Winkel zwischen den beiden
Richtungen zu messen. Sobald die Messungen im Gelände geschafft
waren, brauchten nur noch ein ums andere Mal die von den Ara-
bern entwickelten trigonometrischen Verfahren angewandt zu werden, um die genaue Position aller Verankerungspunkte und mittel-
bar dadurch den Verlauf des Meridians zu bestimmen.

Zu den Ersten, die sich dieser Aufgabe widmeten, gehörten die Cassinis. Die Familie Cassini war eine regelrechte Dynastie von Wissenschaftlern – kein Wunder, dass es üblich geworden ist, ihre Mitglie-
der wie Könige zu nummerieren. Der frisch aus Italien eingewanderte
Giovanni Domenico, genannt Cassini I., war der erste Direktor des
1671 gegründeten Pariser Observatoriums. Nach seinem Tod 1712
wurde Sohn Jacques, oder Cassini II., sein Nachfolger. Diese beiden
führten die 1718 vollendete erste Triangulation des Meridians durch.
Cassini III., César-François mit Vornamen und Sohn von Cassini II.,
machte daraus das Rückgrat der ersten vollständigen Triangulation
des französischen Territoriums, die sich in der 1744 veröffentlichten

allerersten nach einem strengen wissenschaftlichen Verfahren erstellten Karte Frankreichs niederschlug. Cassini IV. alias Jean-Dominique führte die Arbeit von Cassini III., seinem Vater, weiter und verfeinerte die Triangulation Region für Region.

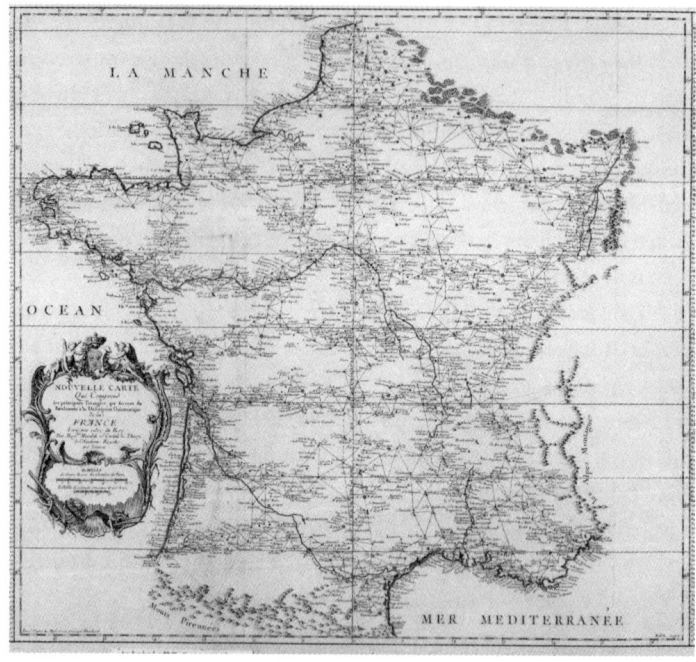

Karte Frankreichs von 1744, mit dem Meridian von Paris und
den ersten Dreiecken der Cassinis

Den Meridian abschreitend, gehen wir indirekt auf den Spuren der arabischen Gelehrten, die die theoretischen Grundlagen für die Triangulationen gelegt haben. Ohne Kenntnis von Kosinus, Sinus und Tangens hätte keines der Dreiecke auf der Karte konstruiert werden können. In jedem von ihnen steckt das Vermächtnis al-Kaschis und der ersten Trigonometer von Bagdad. Und die manuellen Berechnungen haben die Gelehrten des Observatoriums unzählige Stunden Arbeit mit trigonometrischen Tabellen gekostet.

Von Triangulationen wurde bis Ende des 20. Jahrhunderts, bis zum Aufkommen von Satelliten, Gebrauch gemacht. Die genauesten Netze zählten damals bis zu 80 000 Punkte. Die Markierungen für diese Punkte, verteilt über das ganze Territorium Frankreichs, sind noch vorhanden. In Paris zum Beispiel sind noch die beiden Anzeiger zu sehen, die die Achse des Meridians bezeichnen: Der eine befindet sich im Süden, im Parc Montsouris, der andere im Norden, in Montmartre. 1994 wurden einhundertfünfunddreißig Plaketten mit dem Nachnamen des Astronomen François Arago auf der Linie platziert, die der Meridian durch die Hauptstadt zieht. Eine davon befindet sich sogar im Louvre. Machen Sie, wenn Sie beim nächsten Mal in den Straßen von Paris spazieren gehen, die Augen auf; vielleicht bemerken Sie einige dieser Plaketten!

Als während der Französischen Revolution das metrische System aufkam, wurde im Bemühen um Allgemeinverbindlichkeit die Länge des Meters auf die des Meridians bezogen. Ein Meter wurde definiert als der zehnmillionste Teil eines Viertels des Meridians. 1796 wurden in Paris sechzehn in Marmor gemeißelte Standard-Meter angebracht, damit sich jedermann an ihnen orientieren konnte. Heute sind noch zwei von ihnen zu sehen, der eine in der Rue Vaugirard gegenüber dem Jardin du Luxembourg, der andere am Eingang des Justizministeriums an der Place Vendôme.

Der Meridian von Paris war maßgeblich bis zur internationalen Konferenz von Washington 1884, auf der er durch den Meridian von Greenwich ersetzt wurde, der durch das Königliche Observatorium in London läuft. Zum Ausgleich für den Meridian versprachen die Briten, das metrische System einzuführen. Wann halten sie Wort? Wir warten noch immer.

Mit dem Aufkommen der Informatik und der Satelliten sind trigonometrische Tabellen und Triangulationen am Boden entbehrlich geworden. Dennoch ist die Trigonometrie nicht verschwunden. Sie hat sich in den Prozessoren eingenistet. Die Dreiecke haben sich versteckt, aber sie sind noch da.

Viele Autos sind inzwischen mit einem GPS-System ausgerüstet, und ihre Position wird ständig neu durch Verortung in Relation zu vier Satelliten bestimmt, die ihnen im Weltraum folgen. Die dafür notwendige Lösung von Gleichungen stützt sich noch immer auf die Trigonometrie. Wissen die Fahrer, dass die Stimme, die sie sanft auffordert, links abzubiegen, gerade von Sinus- oder Kosinuswerten Gebrauch gemacht hat?

Und Sie? Sie haben doch sicher schon gehört, dass einer der Ermittler in Ihrer Lieblingskrimiserie sagt, das Handy des Verdächtigen sei geortet worden. Es wurde durch Triangulation geortet. Diese Art der Lokalisierung bestimmt die Position eines Handys in Bezug auf seine Entfernung von den drei nächstgelegenen Funkantennen – ein Problem der Geometrie, das unsere Computer mühelos und blitzschnell durch trigonometrische Berechnungen lösen.

Nicht zufrieden mit der Berechnung des Realen, mischt sich die Trigonometrie auch in die Erschaffung virtueller Welten ein. 3D-Animationsfilme und Videospiele machen davon ausgiebig Gebrauch. Unter ihrer Oberfläche setzen sich die 3D-Formen aus geometrischen Vernetzungen zusammen, die seltsamerweise an die Triangulationen der Cassinis erinnern. Diese Vernetzungen erwecken, indem sie sich verformen, Figuren und Gegenstände zum Leben. Die Berechnung des kleinsten synthetischen Bildes – man denke an die Utah-Teekanne, die 1975 eines der ersten am Computer modellierten Objekte war – erfordert die Anwendung einer großen Zahl trigonometrischer Formeln.

9

Auf dem Weg zur Unbekannten

Zurück in Bagdad. Unter den Gelehrten, die im Bayt al-Hikma ein- und ausgehen, prägt einer seine Epoche ganz besonders: der persische Mathematiker Muhammad ibn al-Chwarizmi.

Al-Chwarizmi ist in den 780er Jahren geboren. Seine Familie stammt aus der Großoase Chwarezm, die in ferner Zukunft Teil der Staatsgebiete des Iran, Usbekistans und Turkmenistans sein wird. Ob al-Chwarizmi dort geboren ist oder ob seine Eltern vor seiner Geburt nach Bagdad übersiedelt sind, wird dann niemand mehr wissen. Anfang des 9. Jahrhunderts aber ist der junge Gelehrte in der runden Stadt zu Hause. Er gehört zu den ersten Wissenschaftlern, die ins Bayt al-Hikma eingetreten sind und sich dort einen ausgezeichneten Ruf erwerben.

Den Einwohnern Bagdads ist al-Chwarizmi vor allem als Astronom bekannt. Er schreibt mehrere theoretische Abhandlungen, die das einschlägige Wissen der Griechen und Inder aufgreifen, sowie Sachbücher über den Gebrauch einer Sonnenuhr und den Bau eines Sternhöhenmessers. Außerdem zeichnet er Karten, auf denen er die bedeutendsten Orte der Welt samt ihren Längen- und Breitengraden einträgt. Sein von Ptolemäus inspirierter Referenzmeridian bleibt jedoch ein Näherungswert: Er geht durch die mehr oder minder mythologischen «Inseln der Seligen» hindurch, die sich am westlichen Ende der Welt befinden sollen und vielleicht mit den Kanarischen Inseln identisch sind.

Als Mathematiker hat al-Chwarizmi das berühmte *Buch über die indische Zahlschrift* verfasst, das die Welt mit dem dezimalen Stellenwertsystem bekannt machen wird: ein bedeutendes Werk, das genügen würde, um ihm Eintritt ins Pantheon der Mathematiker zu verschaffen. Endgültig wird ihm jedoch ein anderes Buch mit revolutionärem Inhalt seinen Platz neben den größten Mathematikern der Geschichte, neben genialen Köpfen wie Archimedes und Brahmagupta, sichern.

Dieses Buch hat al-Mamun persönlich bei ihm in Auftrag gegeben. Der Kalif möchte der Bevölkerung ein Handbuch der Mathematik zur Verfügung stellen, mit dem ein jeder die mathematischen Aufgaben des täglichen Lebens lösen kann. Al-Chwarizmi beginnt damit, eine Liste klassischer Rechenaufgaben aufzustellen und die dazugehörigen Lösungsmethoden anzugeben. So behandelt er in seinem Buch unter anderem Aufgaben der Landvermessung, des geschäftlichen Verkehrs und der Aufteilung einer Erbschaft unter den Mitgliedern einer Familie.

So interessant all diese Aufgaben sind, innovativ ist ihre Behandlung nicht, und hielte al-Chwarizmi sich nur an den Auftrag des Kalifen, so wäre die Chance, dass sein Buch auf die Nachwelt kommen wird, gering. Doch der persische Gelehrte begnügt sich nicht mit der Erfüllung seines Auftrags, sondern beschließt, seinem Werk als Einführung einen rein theoretischen Teil vorauszuschicken, in dem er die Lösungsmethoden, die bei den konkreten Aufgaben zur Anwendung gelangen, in systematischer und abstrakter Form darstellt.

Dem fertigen Werk gibt al-Chwarizmi den Titel *al-Kitab al-muchtasar fi hisab al-gabr wa-l-muqabala* («Das kurz gefasste Buch über die Rechenverfahren durch Ergänzen und Ausgleichen»). Im 12. Jahrhundert übernimmt der Autor einer lateinischen Übersetzung die letzten Wörter des arabischen Titels rein phonetisch und nennt das Buch *Liber algebræ et almucabala*. Danach wird peu à peu der Ausdruck *almucabala* aufgegeben, so dass nur das eine Wort bleibt, das fortan die von al-Chwarizmi begründete Disziplin bezeichnet: *algabr*, *algebræ*, Algebra.

Das Revolutionäre an dem Buch ist – mehr als sein mathematischer Inhalt – al-Chwarizmis Formulierung seiner Methoden: Er stellt seine Verfahren zur Lösung der Aufgaben nämlich unabhängig von den Aufgaben selbst dar. Betrachten wir, um diesen Ansatz zu verstehen, die drei folgenden Aufgaben:

1. *Ein rechteckiges Feld ist 5 Einheiten breit und hat eine Fläche von 30. Wie lang ist es?*
2. *Ein dreißigjähriger Mann ist fünfmal so alt wie sein Sohn. Wie alt ist sein Sohn?*
3. *Ein Kaufmann hat 5 gleich schwere Ballen Stoff gekauft, die zusammen 30 Kilogramm wiegen. Wie viel wiegt jeder Ballen?*

In allen drei Fällen lautet die Antwort 6. Und man spürt beim Lösen dieser Aufgaben, dass die Mathematik, die sich dahinter verbirgt, immer die gleiche ist, auch wenn die Aufgaben unterschiedliche Themen behandeln. In allen drei Fällen ergibt sich das Resultat aus einer Division: $30 \div 5 = 6$. Al-Chwarizmis erster Schritt besteht nun darin, diese Aufgaben aus ihren Kontexten zu lösen, um aus ihnen ein mathematisches Problem zu extrahieren:

Gesucht wird eine Zahl, die mit 5 multipliziert 30 ergibt.

Wenn wir so formulieren, sehen wir ab von dem, wofür die Zahlen 5 und 30 stehen. Es kann sich um geometrische Abmessungen, Lebensalter, Stoffballen oder was auch immer handeln – es kommt nicht darauf an. Denn es hat auf die Art, wie wir die Lösung suchen, nicht den geringsten Einfluss. Ziel der Algebra ist es also, Methoden bereitzustellen, mit denen sich rein mathematische Aufgaben solcher Art lösen lassen. Jahrhunderte später wird man *formalisierte* Aufgaben dieser Art in Europa als Gleichungen bezeichnen.

Al-Chwarizmi geht in seiner Beschäftigung mit diesen Gebilden noch weiter. Er behauptet, die Methode sei sogar von den numerischen Größen der Aufgabe unabhängig. Sehen Sie sich die drei folgenden Aufgaben an:

1. *Gesucht wird eine Zahl, die mit 5 multipliziert 30 ergibt.*
2. *Gesucht wird eine Zahl, die mit 2 multipliziert 16 ergibt.*
3. *Gesucht wird eine Zahl, die mit 3 multipliziert 60 ergibt.*

Jede dieser Aufgaben abstrahiert in ihrer Formulierung von einer unendlich großen Zahl möglicher konkreter Aufgaben. Aber um es noch einmal zu sagen, man spürt, dass sie immer nach derselben Methode zu lösen sind. In den obigen drei Fällen findet man die Lösungen, indem man die zweite Zahl durch die erste dividiert: $30 \div 5 = 6$, $16 \div 2 = 8$, $60 \div 3 = 20$. Die Methode ist also nicht nur von der konkreten Aufgabe unabhängig, sondern auch von den Zahlen, die als Größen in die Aufgabe eingehen.

Damit ist es möglich, diese Aufgaben noch abstrakter zu formulieren:

Gesucht wird eine Zahl, die mit einer Quantität 1 multipliziert eine Quantität 2 ergibt.

Alle Aufgaben dieses Typs lassen sich auf dieselbe Art lösen: Man braucht nur Quantität 2 durch Quantität 1 zu dividieren.

Gewiss, dieses Beispiel ist sehr einfach, kommt in ihm doch nur eine Multiplikation vor, so dass die Lösung durch eine Division gefunden werden kann. Es sind aber Typen von Aufgaben vorstellbar, in denen die Unbekannte durch Rechenoperationen verschiedener Art ermittelt werden muss. Al-Chwarizmi befasst sich in erster Linie mit Aufgaben, in denen die Unbekannte durch Operationen der Grundrechenarten (Addition, Subtraktion, Multiplikation und Division) sowie des Quadrierens ermittelt werden kann. Hier ein Beispiel:

Gesucht wird eine Zahl, deren Quadrat genauso groß ist wie das Dreifache ihres Wertes plus 10.

Diesmal lautet die Lösung 5: Das Quadrat von 5 ist 25, und 25 = 3 × 5 + 10. In diesem Fall haben wir Glück gehabt, da die Lösung eine ganze Zahl ist und es möglich war, sie durch Versuche herauszufinden. Aber wenn eine sehr große Zahl gesucht wird oder eine Zahl mit Komma, dann muss man eine Methode haben, mit der sich die Lösung systematisch ermitteln lässt. Und genau das ist es, was al-Chwarizmi in der Einführung zu seinem Buch konstruiert. Er beschreibt darin Rechenschritt für Rechenschritt, was mit den gegebenen Größen einer Aufgabe getan werden muss, um diese zu lösen, und sagt, welches die gegebenen Größen sind. Anschließend *beweist* er, dass seine Methoden funktionieren.

Al-Chwarizmis Ansatz schreibt sich damit perfekt in die auf Abstraktion und Generalisierung zielende globale Entwicklung der Mathematik ein. Schon seit langer Zeit waren die mathematischen Gegenstände unabhängig von den realen Gegenständen, die sie repräsentierten, dargestellt worden. Bei al-Chwarizmi nun befreien sich die *Operationen* mit jenen mathematischen Gegenständen selbst von den konkreten Aufgaben.

Die Klassifikation der Gleichungen

Nicht alle Gleichungen sind *leicht* zu lösen. Es gibt sogar Gleichungen, an denen sich die Mathematiker noch heute die Zähne ausbeißen. Die Schwierigkeit einer Gleichung hängt wesentlich von den Rechenschritten ab, die für ihre Lösung erforderlich sind.

Wenn die Unbekannte nur durch Additionen, Subtraktionen, Multiplikationen und Divisionen ermittelt wird, spricht man von Gleichungen ersten Grades. Hier einige Beispiele für einschlägige Aufgaben:

Welche Zahl ergibt 10, wenn man 3 addiert?
Welche Zahl ergibt 15, wenn man sie durch 2 dividiert?

Welche Zahl ergibt 0, wenn man sie mit 2 multipliziert und dann 10 subtrahiert?

Gleichungen ersten Grades sind am einfachsten zu lösen. Mit ein bisschen Nachdenken findet man die Lösungen für die obigen Beispiele, nämlich: 7, denn $7 + 3 = 10$; 30, denn $30 \div 2 = 15$; und schließlich 5, denn $5 \times 2 - 10 = 0$.

Fügt man diesen vier Operationen Quadrierungen hinzu, das heißt Operationen, die im Multiplizieren der Unbekannten mit sich selbst bestehen, so hat man Gleichungen zweiten Grades, und die Schwierigkeit erhöht sich beträchtlich. Es sind solche Gleichungen zweiten Grades, die al-Chwarizmi in seinem Werk löst. Hier zwei Beispiele für Aufgaben, die der persische Gelehrte behandelt:

Das Quadrat einer Zahl plus einundzwanzig ist gleich dem Zehnfachen dieser Zahl.

Wenn man dem Quadrat einer Zahl das Zehnfache derselben Zahl hinzufügt, erhält man neununddreißig.

Eine der Besonderheiten der Gleichungen zweiten Grades ist, dass sie *zwei* Lösungen haben können. Hier ist das der Fall: Die Zahlen 3 und 7 sind richtige Lösungen der ersten Aufgabe, denn $3 \times 3 + 21 = 3 \times 10$, und $7 \times 7 + 21 = 7 \times 10$. Auch die zweite Aufgabe hat zwei richtige Lösungen: 3 und −13.

Die Referenzdisziplin der Mathematik ist im 9. Jahrhundert immer noch die Geometrie, und so sind al-Chwarizmis Beweise systematisch in geometrischen Begriffen formuliert. Entsprechend der von den Gelehrten der Antike eingeführten Interpretation können das Quadrat einer Zahl und das Produkt zweier Zahlen als Flächen aufgefasst werden. Eine Gleichung zweiten Grades lässt sich daher als Aufgabe der ebenen Geometrie behandeln. Als Beispiele hier die geometrischen Versionen der beiden vorigen Aufgaben. Die Fragezeichen stehen für die Längen, die der unbekannten Zahl entsprechen.

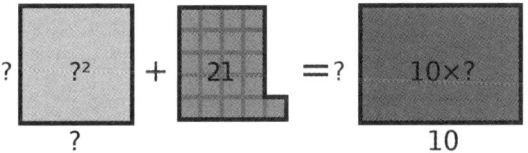

*Das Quadrat einer Zahl plus einundzwanzig ist gleich dem
Zehnfachen dieser Zahl.*

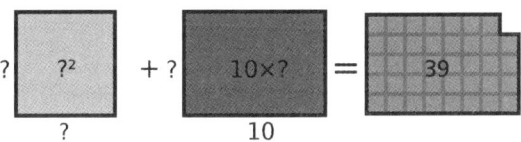

*Wenn man dem Quadrat einer Zahl das Zehnfache derselben
Zahl hinzufügt, erhält man neununddreißig.*

Al-Chwarizmi löst diese Aufgaben mit besseren Puzzlemethoden. Er zerlegt Flächen, fügt Teile hinzu oder entfernt welche, um eine Figur zu erhalten, die als Lösung erscheint.

Betrachten wir als Beispiel die zweite der vorigen Aufgaben. Al-Chwarizmi zerlegt zunächst das Rechteck, das zehnmal so groß ist wie die Unbekannte, in zwei Rechtecke, die je fünfmal so groß sind wie die Unbekannte.

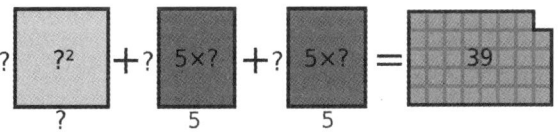

Dann ordnet er die Teile neu an.

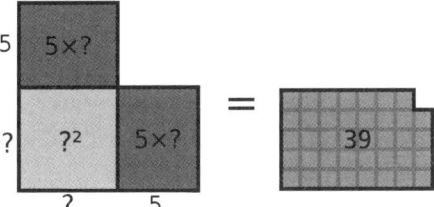

Schließlich fügt er auf beiden Seiten des Gleichheitszeichens eine 25 Puzzleteile große Fläche hinzu, um Quadrate zu erhalten.

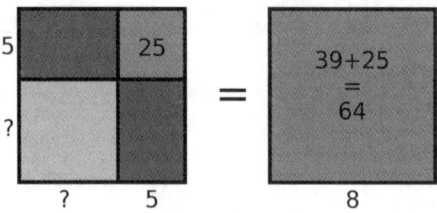

Das linke Quadrat hat eine Seitenlänge, die gleich der Unbekannten plus 5 ist, während das rechte eine Seitenlänge von 8 hat. Daraus lässt sich schließen, dass die Unbekannte 3 ist.

Beachten Sie bitte, dass die letzte Zeichnung die Proportionen grob unrichtig wiedergibt. Dass die Unbekannte 3 ist, konnte man aber nicht wissen, bevor man die Lösung hatte: Das ist der Grund dafür, dass die gezeichneten Längen nicht stimmen. Es ist aber bedeutungslos, da es in al-Chwarizmis Beweis nicht um die numerischen Werte geht, sondern ausschließlich darum, dass eine solche Zerlegung immer zum Ziel führt, welche Zahlen in den Gleichungen auch auftreten mögen. Einem Bonmot zufolge ist Geometrie die Kunst, über falsche Zeichnungen richtig nachzudenken. Die obige Zeichnung veranschaulicht das perfekt!

Wichtig ist jedoch, sich klarzumachen, dass die Unbekannte bei dieser Methode immer eine Länge, das heißt eine positive Zahl, ist; negative Lösungen fallen bei ihr unter den Tisch. Dass auch -13 eine richtige Lösung für unsere Aufgabe ist, darüber geht al-Chwarizmi hinweg.

Auf die Gleichungen zweiten Grades folgen jene dritten Grades. Sie können Kubikzahlen der Unbekannten enthalten. Für al-Chwarizmi sind sie noch zu komplex; sie werden erst in der Renaissance gelöst werden. Wenn wir sie in geometrischen Begriffen interpretieren, stoßen wir auf das Problem der Volumina.

Schließlich die Gleichungen vierten Grades. Aus numerischer Sicht bereiten sie keine Probleme. Doch würde schon der Gedanke an eine geometrische Darstellung auf die Notwendigkeit stoßen, sich vierdimensionale Figuren vorzustellen, was in unserer auf drei Dimensionen beschränkten Welt nicht möglich ist.

Diese Fähigkeit der Algebra, Aufgaben zu generieren, die der Geometrie a priori unzugänglich sind, wird weitgehend verantwortlich sein für den Umsturz, bei dem die Erstere der Letzteren in der Renaissance den Titel der Königsdisziplin der Mathematik entreißen wird.

Einer der bedeutendsten Nachfolger al-Chwarizmis ist Ende des 9. Jahrhunderts der ägyptische Mathematiker Abu Kamil, der die Methoden des persischen Gelehrten verallgemeinert und sich besonders für Gleichungs*systeme* interessiert. Mit diesen Systemen, das heißt *mehreren* Gleichungen, können gleichzeitig mehrere Unbekannte ermittelt werden. Hier ein klassisches Beispiel für eine einschlägige Aufgabe:

Die Herde eines Viehzüchters besteht aus Dromedaren, die einen *Höcker haben, und Kamelen, die deren* zwei *haben. Eine Zählung ergibt insgesamt 100 Köpfe und 130 Höcker. Wie viele Dromedare und wie viele Kamele hat der Züchter?*

Gesucht sind hier zwei Unbekannte: die Anzahl der Dromedare und die der Kamele, doch die Informationen, die wir haben, sind heterogen. Die Köpfe und die Höcker ergeben zwei Gleichungen, die nicht unabhängig voneinander gelöst werden können. Die Aufgabe muss als ein Ganzes betrachtet werden.

Es gibt mehrere Methoden, sie in Angriff zu nehmen. Eine davon ist folgende: Da die Zählung 100 Köpfe ergeben hat, ist 100 auch die Anzahl der Tiere. Wären alles Dromedare, so hätten sie zusammen 100 Höcker. Das heißt, es fehlten 30. Der Züchter hat also 30 Kamele, und seine 70 anderen Tiere sind Dromedare. Es gibt hier nur eine einzige Lösung, doch können andere, komplexere Systeme viel mehr haben. So behauptet Abu Kamil in einem seiner Werke, Gleichungen mit 2676 verschiedenen Lösungen durchgerechnet zu haben!

Im 10. Jahrhundert notiert der persische Mathematiker al-Karadschi als Erster etwas, was man als Gleichungen n-ten Grades bezeichnen könnte, vermag aber nur relativ simple Aufgaben zu lösen. Im 11. und im 12. Jahrhundert wagen sich Omar Chayyam und Sharaf al-Din al-Tusi, beide ebenfalls Perser, an die Gleichungen dritten Grades. Sie können einige Sonderfälle lösen und erzielen beträchtliche weitere Fortschritte, finden jedoch keine Methode, die Gleichungen systematisch zu lösen. Auch mehrere andere Versuche misslingen, und einige Mathematiker fangen an, die Unlösbarkeit so komplexer Gleichungen für möglich zu halten.

Letztlich werden weder die persischen noch die arabischen Gelehrten diese Frage entscheiden. Im 13. Jahrhundert hat das Goldene Zeitalter des Islams seine besten Jahre schon hinter sich und steht am Beginn eines langsamen Niedergangs. Für diesen Niedergang gibt es mehrere Gründe: Das arabisch-islamische Reich weckt Begehrlichkeiten und wird immer wieder angegriffen, militärisch ebenso wie ökonomisch.

1219 stürmen die Mongolenhorden Dschingis Khans in al-Chwarizmis Heimat Chwarezm. 1258 stehen sie unter dem Oberbefehl Hulagu Khans, eines Enkels von Dschingis, vor den Toren Bagdads. Kalif al-Mustasim muss kapitulieren. Bagdad wird geplündert und niedergebrannt, seine Einwohner werden massakriert. In derselben Epoche kommt die Rückeroberung Südspaniens durch die christlichen Völker in Fahrt. Córdoba, die Hauptstadt der Region, fällt 1236. Wieder ganz in christlicher Hand ist Spanien 1492 nach der Einnahme Granadas und seiner Alhambra.

Immerhin ist die Welt der arabischen Wissenschaft so weit dezentralisiert, dass sie trotz dieser Niederlagen eine Zeit lang weiterbestehen kann. Geforscht wird weiter auf höchstem Niveau bis ins 16. Jahrhundert, aber der Wind der Geschichte dreht sich, und Europa macht sich bereit, die Fackel des Fortschritts in der Mathematik erneut zu übernehmen.

10

Der Reihe nach

Im Europa des Mittelalters indes, es lässt sich nicht leugnen, ist nicht viel los mit der Mathematik. Immerhin, es gibt Ausnahmen. Der bedeutendste europäische Mathematiker dieser Epoche ist zweifellos der in Pisa geborene Italiener Leonardo Fibonacci (1175–1250).

Wie wird man als Europäer in diesem Zeitalter zum bedeutenden Mathematiker? Indem man nicht in Europa bleibt. Fibonaccis Vater ist Handelsvertreter der Kaufleute von Pisa in Bejaia im heutigen Algerien: Dort erhält der spätere italienische Gelehrte seine Ausbildung und entdeckt die Arbeiten der Mathematiker des Orients, insbesondere die von al-Chwarizmi und Abu Kamil. Zurück in Pisa, veröffentlicht er 1202 den *Liber abaci* («Buch vom Abakus»), der ein breites Spektrum der zeitgenössischen Mathematik abdeckt, von den arabischen Ziffern über die Arithmetik des Diophantos und die Errechnung von Zahlenfolgen bis zur euklidischen Geometrie. Dank einer der besagten Zahlenfolgen wird er in den folgenden Jahrhunderten sehr populär sein.

Eine Zahlenfolge ist eine Folge von Zahlen, die bis ins Unendliche weitergehen könnte. Einige Zahlenfolgen kennen wir bereits. Zu den einfachsten gehören die der ungeraden (1, 3, 5, 7, 9 …) und die der Quadratzahlen (1, 4, 9, 16, 25 …). In einer der Aufgaben aus dem *Liber abaci* versucht Fibonacci ein mathematisches Modell der Entwicklung einer Kaninchenzucht zu erstellen, und zwar anhand der folgenden vereinfachten Hypothesen:

1. Ein Kaninchenpaar ist in den ersten beiden Monaten noch nicht alt genug, um sich fortzupflanzen.

2. Vom dritten Monat an gebiert das Weibchen jeden Monat zwei Junge, sagen wir: ein neues Paar.

Aus diesen Hypothesen ergibt sich folgender Baum der Nachkommenschaft eines jungen Kaninchenpaares:

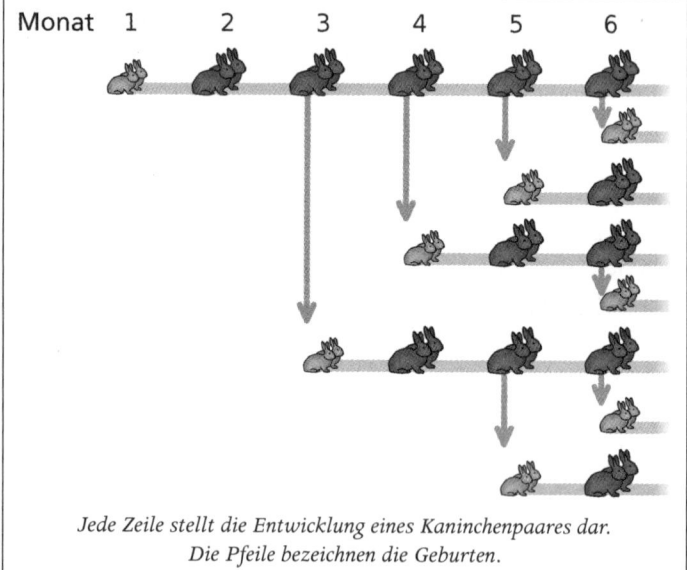

Jede Zeile stellt die Entwicklung eines Kaninchenpaares dar.
Die Pfeile bezeichnen die Geburten.

Jetzt können wir uns die von den Zahlen der Paare im Zeitverlauf gebildete Reihe ansehen. Wenn wir Spalte für Spalte einzeln betrachten, gibt uns der vorstehende Baum die Werte für die ersten sechs Monate: 1, 1, 2, 3, 5, 8.

Fibonacci merkt dazu an, dass die Kaninchenpopulation jeden Monat so groß ist wie in den beiden vorangegangenen Monaten zusammen: 1 + 1 = 2; 1 + 2 = 3; 2 + 3 = 5; 3 + 5 = 8 und so weiter. Diese Regel erklärt sich daraus, dass die Zahl der Paare, die geboren werden und zu den schon lebenden Kaninchen hinzukommen, in jedem Monat gleich ist der Zahl der Paare, die im vorangegangenen Monat fortpflanzungsfähig, das heißt zwei Monate zuvor schon geboren waren. Und weil das so ist, lassen sich die einzelnen Glieder – «Terme» – der Zahlenfolge errechnen, ohne dass man den Umweg über die Genealogie der Kaninchen nehmen müsste:

1, 1, 2, 3, 5, 8, 13, 21, 34, 55, 89, 144 …

Für Fibonacci ist die Zahlenfolge der demographischen Entwicklung von Kaninchen vor allem eine Denksportaufgabe. Sie sollte sich jedoch in den nachfolgenden Jahrhunderten für eine Vielzahl von praktischen und theoretischen Anwendungen als nützlich erweisen.

Eines der schlagenden Beispiele bietet die Botanik. Die Phyllotaxis ist die Disziplin, die die Art und Weise untersucht, wie die Blätter oder, allgemeiner, die verschiedenen konstitutiven Bestandteile einer Pflanze sich um deren Achse herum anordnen. Wenn Sie einen Tannenzapfen betrachten, stellen Sie fest, dass seine Oberfläche aus spiralenförmig angeordneten Schuppen besteht. Man kann, genauer, Spiralen zählen, die sich im Uhrzeigersinn, und solche, die sich gegen den Uhrzeigersinn drehen.

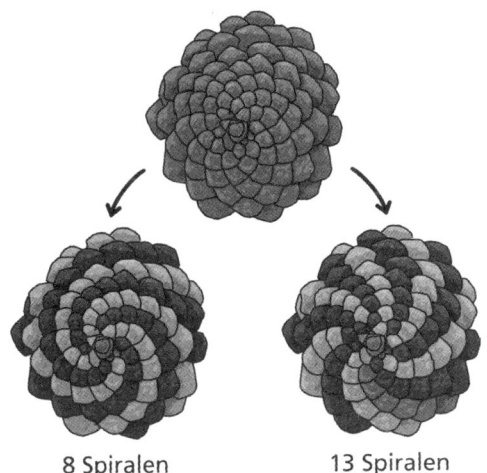

8 Spiralen   13 Spiralen

Und so erstaunlich es erscheinen mag, die beiden Zahlen entsprechen immer zwei aufeinanderfolgenden Termen der Fibonacci-Reihe! Wenn Sie im Wald spazieren gehen, können Sie beispielsweise Tannenzapfen vom Typus 5-8, 8-13 oder 13-21 finden, aber nie welche vom Typus 6-9 oder 8-11. Diese Fibonacci-Spiralen treten, mehr oder minder augenfällig, auch bei zahlreichen anderen Pflanzen auf. Während sie bei der Ananas und bei den Röhrenblüten im Blütenkorb der Sonnenblume gut zu erkennen sind, muss man sich Mühe geben, um sie in der verquollenen Form des Blumenkohls zu entdecken. Dennoch, sie sind da!

Der Goldene Schnitt

Zu den Merkwürdigkeiten der Fibonacci-Reihe gehört, dass sie in einer substantiellen Beziehung zu einer Zahl steht, die seit der Antike bekannt war: Gemeint ist der Goldene Schnitt, dessen Wert bei ungefähr 1,618 liegt und den die Griechen als vollkommene Proportion ansahen. Wie π, so hat auch der Wert des Goldenen Schnitts in Dezimalschreibweise keine letzte Ziffer, weshalb man ihm ebenfalls einen Namen gegeben hat: φ (sprich «phi»).

Den Goldenen Schnitt gibt es in zahlreichen geometrischen Varianten. Ein Goldenes Rechteck ist ein Rechteck, das φ-mal so lang wie breit ist. Wenn man von einem solchen Rechteck ein Quadrat mit der Seitenlänge seiner Breite abschneidet, ist das verbleibende kleine Rechteck aufgrund der Eigenschaften des Goldenen Schnitts stets ebenfalls ein Goldenes Rechteck!

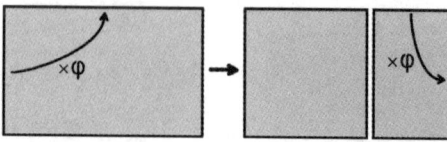

Die Griechen machten davon vor allem in der Architektur Gebrauch. Die Front des Parthenon in Athen hat Proportionen, die einem Goldenen Rechteck sehr nahe kommen. Gut möglich, dass das kein Zufall ist (leider haben wir keine verlässlichen Quellen, die uns die Intention der Architekten verraten). Der erste überlieferte Text, der den Goldenen Schnitt exakt definiert, ist Buch VI der *Elemente* des Euklid.

Zu entdecken ist der Goldene Schnitt auch in regelmäßigen Fünfecken: stehen doch deren Diagonalen zu den Seiten genau in diesem Verhältnis. Mit anderen Worten, die Länge einer der fünf Diagonalen ist gleich der Länge einer Seite, multipliziert mit φ.

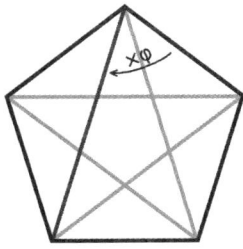

Somit findet sich der Goldene Schnitt in allen geometrischen Strukturen, in denen regelmäßige Fünfecke auftreten, zum Beispiel in der Geode und in den Fußbällen, die wir behandelt haben. Versucht man seinen genauen Wert mit algebraischen Methoden zu berechnen, so stößt man auf eine Gleichung zweiten Grades, die sich in Worten wie folgt formulieren lässt:

Das Quadrat des Goldenen Schnitts ist gleich dem Goldenen Schnitt plus 1.

Die genaue Formel lässt sich mit der Methode al-Chwarizmis finden. Sie lautet $\varphi = (1 + \sqrt{5}) \div 2 \approx 1{,}618034$.[14] Dieser Wert

---

14 Die Notation $\sqrt{5}$ in der obigen Formel bezeichnet die Quadratwurzel von 5, das heißt die positive Zahl, deren Quadrat gleich 5 ist. Der Wert dieser Zahl ist ungefähr 2,236.

entspricht der Aussage der verbalisierten Gleichung, denn $1{,}618034 \times 1{,}618034 \approx 2{,}618034$.

Aber was hat die Fibonacci-Reihe damit zu tun?

Ganz einfach: Wenn man die Vermehrung der Kaninchen lange genug betrachtet, stellt man fest, dass deren Zahl immer wieder ungefähr mit φ multipliziert wurde! Sehen wir uns zum Beispiel den fünften und den sechsten Monat an. Die Population vergrößert sich von 8 auf 13 Kaninchen, wird also multipliziert mit $13 \div 8 = 1{,}625$. Das ist nicht sehr weit vom Wert des Goldenen Schnitts entfernt, und wir sind noch längst nicht am Ende. Betrachten wir jetzt den Schritt vom elften zum zwölften Monat, so ist die Population mit $144 \div 89 = 1{,}61797\ldots$ multipliziert worden. Wir nähern uns an und würden uns immer weiter annähern. Je mehr Zeit vergeht, umso mehr nähert sich der Multiplikationsfaktor von einem Monat zum nächsten dem Wert des Goldenen Schnitts an!

Aber warum ist das so? Wie kommt es, dass diese scheinbar unbedeutende Zahl in drei eigenständigen Bereichen der Mathematik – in der Geometrie, in der Algebra und in den Zahlenfolgen – auftritt? Man könnte meinen, dass es sich um *drei* Zahlen handle, die zwar nah beieinanderlägen, aber eben doch verschieden seien. Nun, das stimmt nicht: Je genauer man die Länge der Diagonalen eines Fünfecks misst, je präziser man $(1 + \sqrt{5}) \div 2$ berechnet und je weiter man die Fibonacci-Reihe verfolgt, umso klarer wird, dass man es immer mit derselben Zahl zu tun hat.

Um die obige Frage zu beantworten, mussten die Mathematiker Beweise führen, die Brücken zwischen verschiedenen Teilgebieten der Mathematik schlugen. Dass das möglich war, hatte für Geometrie und Algebra bereits die figurative Darstellung von Zahlen in der Antike gezeigt und bestätigte sich jetzt für andere Felder der Mathematik. Disziplinen, die bis dahin nichts miteinander zu tun zu haben schienen, traten in einen

Dialog ein. Zahlen wie φ erwiesen sich, jenseits ihrer speziellen Bedeutung, als großartige Vermittler. Zu Fibonaccis Zeiten noch war π nur in der Geometrie von Bedeutung. Doch sollte diese Zahl in den Jahrhunderten, die folgten, in Sachen Brückenbildung zur Meisterin aller Klassen werden.

Das Studium der Zahlenfolgen wirft auch ein Licht auf die Paradoxa des Zenon von Elea, vor allem auf das von Achilles und der Schildkröte. Sie erinnern sich an den Wettlauf, den der griechische Gelehrte sich ausgedacht hatte: Die Schildkröte startet mit einem Vorsprung von 100 Metern vor Achilles, der jedoch schneller läuft als sie, sagen wir: doppelt so schnell. Das Paradoxon schien zu beweisen, dass die Schildkröte bei einem solchen Szenario trotz ihrer Langsamkeit nie überholt werden könnte.

Diese Schlussfolgerung ergab sich aus der Aufteilung des Rennens in unendlich viele Etappen. Wenn Achilles die Startposition der Schildkröte erreicht, ist diese 50 Meter vorangekommen. Wenn Achilles diese 50 Meter gelaufen ist, ist die Schildkröte 25 Meter weiter und so fort. Die Abstände zwischen den beiden Läufern nach jeder dieser Etappen bilden eine Zahlenfolge, in der jeder Term halb so groß ist wie der vorige:

$$100 \quad 50 \quad 25 \quad 12{,}5 \quad 6{,}25 \quad 3{,}125 \quad 1{,}5625\ldots$$

Die Zahlenfolge hat kein Ende, woraus man fälschlich ableiten könnte, dass Achilles die Schildkröte nie einholen würde. Doch wenn man die unendlich vielen Zahlen addiert, ist das Ergebnis keineswegs unendlich.

$$100 + 50 + 25 + 12{,}5 + 6{,}25 + 3{,}125 + 1{,}5625 + \ldots = 200.$$

Das ist eine der Merkwürdigkeiten von Zahlenfolgen: Die Summe unendlich vieler Zahlen kann endlich sein! Die obige Summe beweist uns, dass Achilles die Schildkröte nach 200 Metern überholen wird.[15]

Die Möglichkeit, unendlich viele Zahlen zu addieren, ist auch für die Errechnung von Zahlen, die wie π aus der Geometrie stammen, und von trigonometrischen Relationen überaus nützlich. Die Werte dieser Zahlen, die mit den elementaren klassischen Operationen nicht bestimmt werden können, lassen sich nämlich als Summen von Zahlenfolgen errechnen. Einer der Ersten, die diese Möglichkeit erforschten, war der indische Mathematiker Madhava von Sangamagrama, der um 1500 eine Formel für π entdeckte:

$$\pi = \left(\frac{4}{1}\right) + \left(-\frac{4}{3}\right) + \left(\frac{4}{5}\right) + \left(-\frac{4}{7}\right) + \left(\frac{4}{9}\right) + \left(-\frac{4}{11}\right) + \left(\frac{4}{13}\right) + \cdots$$

Die Terme der Madhava-Reihe sind abwechselnd positiv und negativ und ergeben sich aus der Division von 4 durch die ungeraden Zahlen. Man darf aber nicht glauben, dass die Formel das Problem von π endgültig löse. Denn wenn die Reihe der zu addierenden Terme klar ist, gilt es immer noch, das Ergebnis zu finden. Während einige Summen von Zahlenfolgen, wie die des Paradoxons von Achilles und der Schildkröte, leicht zu errechnen sind, leisten andere großen Widerstand, und die Madhava-Reihe ist ein Beispiel dafür.

Diese Formel führt also nicht dazu, dass π exakt als Dezimalzahl notiert werden kann. Sie ist aber eine neue Möglichkeit, bessere Näherungswerte zu errechnen. Können wir unendlich viele Terme

---

15 Die Summe unendlich vieler Zahlen wird unter Verwendung des Begriffs des Grenzwerts errechnet. Die Methode besteht darin, immer nur eine endliche Zahl von Termen zu betrachten, was natürlich heißt, die Summe zu schmälern, und anschließend immer mehr Terme einzubeziehen, um zu sehen, welcher Grenzzahl die geschmälerten Summen sich nähern. Im Fall von Achilles und der Schildkröte erhält man, wenn man nur die ersten sieben Terme betrachtet, 100 + 50 + 25 + 12,5 + 6,25 + 3,125 + 1,5625 = 198,4375. Verlängert man die Reihe der zu addierenden Zahlen bis zum zwanzigsten Term, erhält man ≈ 199,9998. Es lässt sich zeigen, dass man durch Einbeziehen von immer mehr Termen der Zahl 200 näher kommt. Die unendliche Summe ist also 200.

nicht auf einen Schlag addieren, so können wir uns damit begnügen, es mit endlich vielen zu tun. Beschränken wir uns auf die ersten fünf, erhalten wir 3,34.

$$\left(\frac{4}{1}\right) + \left(-\frac{4}{3}\right) + \left(\frac{4}{5}\right) + \left(-\frac{4}{7}\right) + \left(\frac{4}{9}\right) \approx 3,34.$$

Das ist kein sehr guter Näherungswert, aber wir können ja weitergehen. Wenn wir die ersten hundert Terme addieren, sind wir bei 3,13 und nach einer Million Termen bei 3,141592.

Sicher, es ist nicht sehr praktisch, eine Million Terme zu addieren, um einen Näherungswert mit nur sechs Ziffern hinter dem Komma zu erhalten. Die Madhava-Reihe hat den Nachteil, nur sehr langsam zu konvergieren. Später haben andere Mathematiker, wie der Schweizer Leonhard Euler im 18. und der Inder Srinivasa Ramanujan im 20. Jahrhundert, eine Vielzahl von Zahlenfolgen entdeckt, deren Summe ebenfalls gleich π ist, die sich dieser Zahl aber viel schneller nähern. Zahlenfolgen wie die von Madhava, Euler und Ramanujan haben die Methode des Archimedes nach und nach ersetzt und die Errechnung von immer mehr Ziffern hinter dem Komma ermöglicht.

Auch die trigonometrischen Relationen haben ihre Zahlenfolgen. Dies ist beispielsweise die Formel für den Kosinus eines gegebenen Winkels:

$$\text{Kosinus} = 1 - \frac{\text{Winkel}^2}{1 \times 2} + \frac{\text{Winkel}^4}{1 \times 2 \times 3 \times 4} - \frac{\text{Winkel}^6}{1 \times 2 \times 3 \times 4 \times 5 \times 6} + \cdots$$

Um den Wert des Kosinus zu ermitteln, braucht man nur «Winkel» durch die Größe des betreffenden Winkels zu ersetzen.[16] Ähnliche

---

16 Man beachte jedoch, dass die Formel nur funktioniert, wenn die Winkelgröße nicht in Grad, sondern in rad (Radiant) angegeben wird. Bei dieser neuen Maßeinheit entspricht eine volle Umdrehung nicht 360°, sondern 2π rad. Das mag befremdlich erscheinen, doch nur mit dieser Einheit funktionieren die trigonometrischen Formeln und die mit ihnen zusammenhängenden Zahlenfolgen korrekt.

Formeln gibt es für Sinus- und Tangenswerte sowie für eine Vielzahl anderer spezieller, in den verschiedensten Kontexten auftretender Zahlen.

Zahlenfolgen sind auch heute noch auf vielen Gebieten von Nutzen. So werden sie in der Nachfolge Fibonaccis weiterhin zur Ermittlung von Populationsdynamiken verwendet, das heißt zum Studium der Entwicklung von Tierarten im Laufe der Zeit. Die heutigen Modelle sind allerdings viel genauer und berücksichtigen eine Vielzahl von Parametern, wie etwa die Sterblichkeit, die natürlichen Feinde und das Klima oder, allgemeiner, die sich verändernden Ökosysteme, in denen die Tiere leben. Ganz allgemein kommen Zahlenfolgen in der modellhaften Darstellung aller Prozesse zum Einsatz, die sich Schritt für Schritt entwickeln. Auch Informatik, Statistik, Ökonomie und Meteorologie machen von Zahlenfolgen Gebrauch.

11

Imaginäre Welten

Zu Beginn des 16. Jahrhunderts trugen die von Fibonacci gesäten Samen endlich Früchte, denn es entstand eine neue Generation von Mathematikern. Diese nahmen nun die von arabischen Wissenschaftlern begonnenen algebraischen Forschungen wieder auf. Und sie waren es dann auch, die eine Lösung für Gleichungen dritten Grades präsentierten, nachdem eine ziemlich verwickelte Angelegenheit ihr Ende genommen hatte.

Alles fing an mit dem Geschäftsmann und Professor für Arithmetik Scipione del Ferro, der an der Universität von Bologna lehrte. Del Ferro interessierte sich für Algebra und war tatsächlich der Erste, der die Lösungsformeln für den dritten Grad entdeckte. Doch damals war der in der arabischen Welt praktizierte Wissensaustausch noch nicht in Europa angekommen. Leider. An der Universität von Bologna mussten die Professorenstellen regelmäßig verteidigt werden. Damit er der Beste blieb und seinen Titel behielt, war del Ferro daran gelegen, dass seine Konkurrenten nicht von seiner Entdeckung erfuhren. Er schrieb seinen Lösungsansatz auf, veröffentlichte ihn aber nicht. Nur einer Handvoll seiner Schüler vertraute er die Formeln an, auch sie hüteten das Geheimnis.

Als der Bologneser Professor 1526 starb, ahnte die Mathematikwelt also nicht, dass Gleichungen dritten Grades gelöst worden waren. Vielfach verharrte man sogar in dem Glauben, dass diese ganz einfach unlösbar seien. Aber einer der Schüler, die del Ferro ins Vertrauen gezogen hatte, konnte sich schließlich doch nicht zurückhalten. Sein Name war Maria del Fiore, und er forderte die Mathe-

matiker des Landes zu Rechenduellen heraus, die er natürlich jedes
Mal gewann. So verbreitete sich nach und nach das Gerücht, dass es
eben doch eine Lösung für Gleichungen dritten Grades gab.

Im Jahre 1535 stellte sich der venezianische Gelehrte Niccolò Fon-
tana Tartaglia der Herausforderung durch del Fiore. Tartaglia war
damals fünfunddreißig Jahre alt und hatte noch kein bedeutendes
wissenschaftliches Werk veröffentlicht. Del Fiore konnte deshalb
nicht wissen, dass er es mit jenem Mann zu tun hatte, der einmal
der beste Mathematiker seiner Generation werden sollte. Die beiden tauschten eine Liste mit dreißig Aufgaben aus. Der Wetteinsatz
waren dreißig Festmähler, die der Verlierer für den Sieger geben
müsste. Über mehrere Wochen biss sich Tartaglia die Zähne an den
Problemen dritten Grades aus, die ihm del Fiore geschickt hatte. Drei
Tage vor Ablauf der Frist aber fand auch er die Formeln! Er löste die
gestellten Aufgaben innerhalb weniger Stunden und konnte das
Rechenduell haushoch gewinnen.

An dieser Stelle könnte die Begebenheit enden, doch nein: Auch
Tartaglia lehnte es ab, seine Methode bekannt zu machen. Die Situation blieb auch die folgenden vier Jahre unverändert.

Schließlich kam die Angelegenheit dem Mathematiker und Inge-
nieur Girolamo Cardano aus Mailand zu Ohren. (Den Hobbymechani-
kern unter Ihnen wird die nach ihm benannte Kardanwelle ein Begriff sein: Sie überträgt das Drehmoment des Motors auf die Räder.)
Bis dahin hatte Cardano zu jenen gehört, die eine Lösung von
Gleichungen dritten Grades für unmöglich hielten. Das gewonnene
Rechenduell machte ihn dann auf Tartaglia aufmerksam, und er versuchte mit ihm in Kontakt zu treten. Anfang des Jahres 1539 ließ er
ihm acht Rechenaufgaben zukommen und bat ihn um Auskunft über
seine Methode. Tartaglia wies das Begehren strikt ab. Der wütende
Mailänder Wissenschaftler versuchte es daraufhin mit einem Ein-
schüchterungsmanöver und rief sämtliche Algebraiker Italiens auf,
die Arroganz ihres Kollegen anzuprangern. Doch Tartaglia blieb hart.

Letztendlich gelangte Cardano dann mit einer List ans Ziel. Er ließ Tartaglia ausrichten, Fürst d'Avalos, der Statthalter von Mailand, wünsche ihn zu sehen. Der arme Tartaglia in Venedig befand sich in arger Bedrängnis und hatte einen Beschützer bitter nötig. Er willigte also ein, sich nach Mailand zu begeben, wo das Treffen für den 15. März 1539 ausgerechnet im Hause Cardano anvisiert wurde. Tartaglia wartete drei Tage lang vergeblich auf den Gouverneur. Diese Zeit reichte Cardano, um Tartaglias Misstrauen zu zerstreuen. Nach langem Hin und Her gab Tartaglia schließlich nach, jedoch unter der Bedingung, dass Cardano schwor, die Methode niemals zu veröffentlichen. Das Gelübde wurde gegeben, die Formeln verraten.

Im Anschluss machte sich Cardano daran, die Formeln auseinanderzunehmen. Die Methode funktionierte wunderbar, doch eines vermisste Cardano dennoch: einen Beweis. Bis dahin hatte nämlich noch keiner der betreffenden Mathematiker einen strengen Beweis liefern können, dass die Formeln wirklich in jedem Fall das richtige Ergebnis lieferten. Also widmete sich Cardano dieser Aufgabe. Es gelang ihm schließlich, den Beweis zu erbringen, und einer seiner Schüler, nämlich Ludovico Ferrari, konnte die Methode sogar verallgemeinern und Gleichungen vierten Grades mit ihr lösen! Da sie durch den Mailänder Schwur gebunden waren, konnten die beiden Mathematiker ihre Ergebnisse aber nicht veröffentlichen.

Cardano ließ die Angelegenheit jedoch nicht mehr los. 1542 begab er sich in Begleitung von Ferrari nach Bologna und traf dort Annibale della Nave, ebenfalls ein chemaliger Schüler von Scipione del Ferro. Den dreien gelang es, alte Aufzeichnungen von del Ferro in die Hand zu bekommen, woraufhin sie feststellten, dass er es gewesen war, der die Formeln zuerst entdeckt hatte. Ab da fühlte sich Cardano nicht mehr an seinen Eid gebunden. Im Jahre 1547 veröffentlichte er seine *Ars Magna*, in der die Welt endlich die Lösung für Gleichungen dritten Grades kundgetan wurde. Der zornentbrannte Tartaglia verfluchte Cardano und publizierte daraufhin seine eigene Version der Geschichte. Doch zu spät. In den Augen der Öffentlichkeit war es Cardano, der den dritten Grad bezwungen

hatte, und die Methode ist noch heute unter dem Begriff «Cardani-
sche Formeln» bekannt.

Einzelne Details aus der *Ars Magna* sorgten bei den Algebraikern
der Zeit für Zweifel. Denn in den Cardanischen Formeln muss mehrmals die Quadratwurzel aus negativen Zahlen gezogen werden. Auf
dem Weg zur Lösung einer Gleichung taucht etwa die Wurzel
aus −15 auf – eine Zahl also, deren Quadrat −15 ergeben soll. Dies ist
aber nach den Rechenregeln des Brahmagupta nicht möglich. Das
Quadrat einer positiven Zahl ist positiv, das Quadrat einer negativen Zahl ist auch positiv! Denn: $(−2)^2 = (−2) \times (−2) = 4$. Keine mit sich
selbst malgenommene Zahl kann −15 ergeben. Die Quadratwurzeln,
die in Cardanos Lösungsweg auftauchen, gibt es also gar nicht. Und
dennoch: Obwohl er diese inexistenten Zahlen als Zwischenetappe
verwendete, gelangte Cardano zum richtigen Ergebnis! Wie seltsam
und faszinierend zugleich.

Ein anderer Mathematiker aus Bologna mit Namen Rafael Bombelli
widmete sich dem Rechenproblem und schlug vor, die Wurzeln aus
negativen Werten könnten doch eine ganz neue Sorte Zahlen sein:
Zahlen, die weder negativ noch positiv sind. Merkwürdige, uner-
hörte Zahlen, auf deren Existenz bisher nichts hingewiesen habe.
Nach der Einführung der Null und der negativen Zahlen bekam die
große Zahlenfamilie also erneut Zuwachs.

  Zum Ende seines Lebens verfasste Bombelli sein Hauptwerk *Algebra opera*, das er in seinem Todesjahr 1572 veröffentlichte. Er nahm
darin die Entdeckungen der *Ars Magna* auf und führte die Neu-
zugänge ein, die er «komplexe Zahlen» nannte. Bombelli verfuhr mit
diesen Zahlen genauso, wie Brahmagupta es mit den negativen Zahlen getan hatte. Er listete die Rechenregeln für komplexe Zahlen auf
und legte vor allem fest, dass ihr Quadrat nicht positiv sei.

  Bombellis komplexe Zahlen erfuhren im Anschluss ein ähnliches
Schicksal wie die negativen Zahlen. Auch sie riefen Skeptiker und
Ungläubige auf den Plan. Und auch sie sollten sich schließlich be-

haupten, da ihr Einfluss die Welt der Mathematik revolutionierte. Unter den bekehrten Skeptikern befand sich Anfang des 17. Jahrhunderts der französische Mathematiker und Philosoph René Descartes. Er gab den Neuankömmlingen auch den Namen, unter dem sie uns heute bekannt sind: «imaginäre Zahlen».

Es sollte noch zwei Jahrhunderte dauern, bis die imaginären Zahlen von der Mathematiker-Community vollends akzeptiert wurden. Seitdem aber sind sie für die moderne Wissenschaft unentbehrlich. Sie tauchen nicht nur in Gleichungen auf, sondern finden auch in der Physik Anwendung, insbesondere bei der Analyse von Wellenphänomenen, auf die man beispielsweise in der Elektrotechnik oder Quantenphysik trifft. Ohne imaginäre Zahlen wären moderne Technologien gar nicht möglich.

Dennoch, anders als die negativen Zahlen bleiben die imaginären Zahlen außerhalb von wissenschaftlichen Kreisen weitgehend unbekannt. Sie widersprechen dem gesunden Menschenverstand, sind schwer vorstellbar und bilden keine fassbaren Zusammenhänge ab. Negative Zahlen lassen sich noch als Schulden oder Verlust denken, bei den imaginären Zahlen aber muss man endgültig darauf verzichten, Zahlen mit Mengen gleichzusetzen. Man kann ihnen unmöglich eine Bedeutung fürs alltägliche Leben zuordnen oder sie wie Äpfel oder Schafe zählen.

Die imaginären Zahlen befreiten Mathematiker allmählich von letzten Zwängen. Denn wenn es ausreichte, die Existenz von negativen Quadratwurzeln anzunehmen, um eine ganz neue Art von Zahlen zu erschaffen, wieso sollte man dann nicht noch einen Schritt weiter gehen? Wäre es nicht möglich, beliebig viele neue Zahlen einzuführen, wenn man nur deren arithmetische Eigenschaften festlegte? Könnte man nicht sogar ganz neue algebraische Strukturen entwerfen, die von klassischen Zahlen unabhängig wären?

Im 19. Jahrhundert wurden die letzten Grundsätze hinsichtlich der Eigenschaft von Zahlen aufgegeben. Eine algebraische Struktur ist seitdem einfach nur eine mathematische Konstruktion aus Elementen (die man je nach Kontext «Zahlen» nennen kann oder eben nicht) und Operationen, die man mit diesen Elementen ausführt (und in bestimmten Kontexten, aber nicht automatisch Addition, Multiplikation usw. nennt).

Diese neue Freiheit sorgte für einen unglaublichen Kreativitätsschub. Mehr oder weniger abstrakte algebraische Strukturen wurden entdeckt, analysiert und klassifiziert. Und angesichts der immensen Aufgabe taten sich die Mathematiker Europas und schließlich der ganzen Welt zusammen: Fortan tauschte man sich aus und arbeitete zusammen. Noch heute werden zahlreiche algebraische Forschungen als globales Projekt durchgeführt. Es gibt noch viele Vermutungen, die zu beweisen sind.

Erfinden Sie Ihre mathematische Theorie

Ein nach Ihnen benanntes Theorem, nach dem Vorbild von Pythagoras, Brahmagupta oder al-Kaschi, wäre das etwas für Sie? Das trifft sich ja gut! Denn ich möchte Ihnen im Folgenden zeigen, wie Sie Ihre eigene algebraische Struktur aufstellen und analysieren können. Dazu benötigen wir nur zwei Zutaten: eine Liste mit Elementen und eine Operation, mit der wir diese ordnen.

Nehmen wir zum Beispiel acht Elemente, die wir mit den Symbolen ♥, ♦, ♣, ♠, ♪, ♫, ▲ und ✿ darstellen. Dazu benötigen wir noch ein Zeichen für unsere Operation, etwa ✳, die wir zu Ehren eines italienischen Gelehrten «Bombelliation» nennen. Um das Ergebnis der Bombelliation von zwei Elementen zu bestimmen, müssen wir nun eine Operationstabelle anlegen. Wir zeichnen eine Tabelle mit acht Zeilen und acht Spalten, die unseren acht Elementen entsprechen, und füllen das Gitter wie unten stehend, indem wir in jedes Kästchen eines der Elemente setzen.

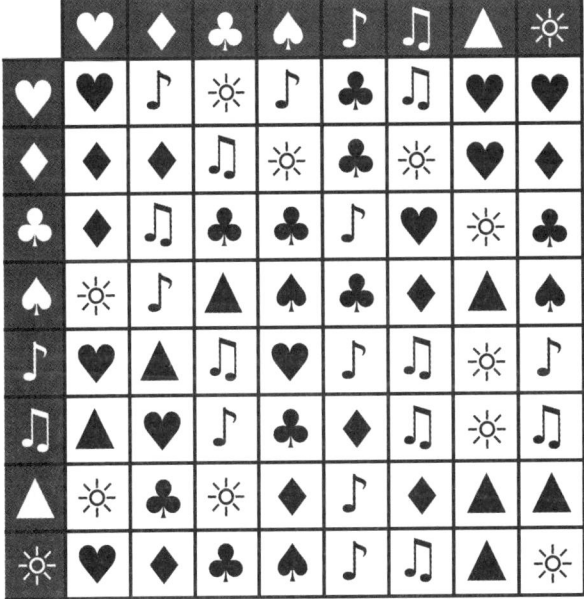

Fertig! Die Theorie steht, sie muss jetzt nur noch analysiert werden. Wenn man beispielsweise die zweite Zeile der vierten Spalte nimmt, sieht man, dass ♦ bombelliert mit ♠ das Ergebnis ☼ liefert. Mit anderen Worten: ♦☀♠ = ☼. Innerhalb Ihrer Theorie lassen sich sogar Gleichungen lösen. Etwa diese hier:

Was bombelliert mit ♣ ergibt ♫?

Um mögliche Lösungen zu finden, muss man nur einen Blick auf unsere Tabelle werfen. Und wird feststellen, dass es zwei Antworten gibt: ♦ und ♪, denn ♦☀♣ = ♫ und ♪☀♣ = ♫.

Dabei heißt es vorsichtig sein, denn in unserer neuen Theorie könnten sich gewohnte Eigenschaften als falsch erweisen. Zum Beispiel ist das Ergebnis nicht dasselbe, wenn man zwei Elemente in unterschiedlicher Reihenfolge miteinander bombelliert, denn: ♥☀♦ = ♪, aber ♦☀♥ = ♦. Man spricht in diesem Fall von einer nichtkommutativen Operation.

Bei genauerem Hinsehen entdecken wir dennoch Eigen-

schaften, die sich verallgemeinern lassen. Zum Beispiel ergibt
ein mit sich selbst bombelliertes Element wiederum sich selbst:
♥∗♥ = ♥, ♦∗♦ = ♦, ♣∗♣ = ♣ und so weiter. Man könnte
diese Beobachtung gar zum ersten Satz Ihrer neuen Theorie
krönen!

　　Sie haben das Prinzip also verstanden. Beim Entwerfen eige-
ner Theoreme stehen Ihnen viele Möglichkeiten offen. Sie können natürlich so viele Elemente einsetzen, wie Sie wollen, auch
eine unendliche Menge, falls es Sie in den Fingern juckt. Auch
komplexere Notationen lassen sich denken – so wie bei ganzen
Zahlen, die ja nicht jeweils ein eigenes Symbol haben, sondern
mit zehn verschiedenen indischen Ziffern dargestellt werden.
Anschließend können Sie Rechenregeln einführen, die als Axiome Ihrer Theorie dienen. Beispielsweise könnten Sie in der
Definition Ihrer algebraischen Struktur festlegen, dass die Rechenoperation kommutativ ist.

Dennoch, wir sollten uns nichts vormachen: Bei diesem Vorgehen
besteht wenig Hoffnung, dass Ihre Theorie den Sprung in die
Nachwelt schafft. Es sind eben nicht alle mathematischen Modelle sinnvoll. Manche sind nützlicher und wichtiger als andere.
Da Sie Ihre Operationstabelle nach dem Zufallsprinzip generieren, ist Ihre Theorie höchstwahrscheinlich nicht von Interesse.
Wenn tatsächlich das Gegenteil der Fall sein sollte, ist sicher
schon ein Mathematiker vor Ihnen auf die Idee gekommen.
　　Denn übertreiben dürfen wir an dieser Stelle nicht: Mathematiker sein will gelernt sein!

Wie aber erkennt man eine interessante Theorie? Im Laufe der Geschichte haben vor allem zwei Kriterien die mathematische Forschung gelenkt: Nützlichkeit und Schönheit.

　　Dass eine Theorie nützlich sein sollte, ergibt sich von selbst. Da-
seinsgrund der Mathematik ist ja gerade, dass sie einen praktischen
Zweck hat: Die Zahlen sind nützlich, denn mit ihrer Hilfe kann man

Mengen angeben und Handel treiben. Mit Hilfe der Geometrie lässt sich die Welt vermessen. Und Algebra ermöglicht uns, Probleme des Alltags zu lösen.

Schönheit dagegen erscheint uns ein wenig eindeutiges und wenig objektives Kriterium. Wie kann denn eine mathematische Theorie schön sein? Am ehesten lässt sich das noch in der Geometrie nachvollziehen, da manche Figuren einen ähnlich ästhetischen Genuss bieten wie ein Kunstwerk. Die Friese Mesopotamiens, die platonischen Körper und die Mosaike der Alhambra sind schön anzusehen. Sollte das etwa auch im Bereich der Algebra möglich sein? Kann eine algebraische Struktur schön sein?

Ich habe lange geglaubt, von der Eleganz oder Poesie der Mathematik könnten nur Eingeweihte berührt sein, und nur Liebhaber und Kenner, die sich den Theorien eingehend gewidmet, sie in all ihren Feinheiten studiert, analysiert und verinnerlicht haben und daher eine enge Vertrautheit mit den abstrakten Konzepten entwickelt haben, könnten diese mathematische Ästhetik nachvollziehen. Ich hatte unrecht. Denn ich konnte bei unzähligen Gelegenheiten feststellen, dass auch absolute Neulinge und sogar kleine Kinder diese Eleganz der Mathematik wahrnehmen.

Ein besonders eindrucksvolles Beispiel hierfür bekam ich, als ich ein Projekt mit Zweitklässlern betreute. Die Kinder dort waren um die sieben Jahre alt. Sie sollten sich Dreiecke, Quadrate, Vierecke, Fünfecke, Sechsecke und andere Formen anschauen und nach selbstgewählten Kriterien sortieren. Dabei ergab sich, dass wir bei jeder Figur Seiten und Ecken zählen können. Dreiecke haben drei Seiten und drei Ecken, Quadrate und Rechtecke haben vier Seiten und vier Ecken und so fort. Die Kinder entdeckten schnell das zugrunde liegende Theorem: Ein Vieleck besitzt immer genauso viele Seiten wie Ecken.

In der Woche darauf nahmen wir uns sehr verwinkelte Formen vor, darunter die folgende Figur:

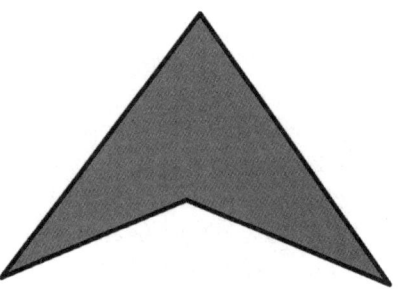

Und nun kam die Frage auf: Wie viele Seiten und wie viele Ecken hat das Gebilde? Die Mehrheit der Schüler antwortete: vier Seiten und drei Ecken. Der umgekehrte Winkel an der unteren Seite bildete ja keine Ecke oder Spitze. Auf diesem Punkt würde sich die Figur nicht drehen lassen, denn die Ecke war eingedrückt statt hervorgehoben. Der überstumpfe Winkel passte nicht zu der Vorstellung, die sich die Schüler von einer Ecke gemacht hatten. Wenn man sie nun aufforderte, diesen Punkt Ecke zu nennen, müssten sie ja verschiedenen Dingen denselben Namen geben! Unmöglich. Die Kinder begannen zu diskutieren. Nicht alle waren einverstanden damit, dem Punkt den Status einer Ecke zuzusprechen. Sollte man sich einen anderen Namen ausdenken? Sollte man den überstumpfen Winkel einfach ausklammern? Es gab Argumente dafür und dagegen, doch insgesamt konnte keines die Mehrheit überzeugen.

Und dann auf einmal erinnerte sich ein Kind an unser Theorem: Wenn das hier keine Ecke war, könnte man nicht mehr sagen, dass ein Vieleck immer genauso viele Seiten wie Ecken hat. Zu meiner Überraschung war es dann genau dieser Einwand, der die Klasse umstimmte. Ganz schnell waren alle einverstanden: Wir mussten den Punkt ebenfalls Ecke nennen. Das Theorem musste gerettet werden, auch auf Kosten des ersten Eindrucks. Es wäre zu schade, wenn diese so einfache und klare Feststellung Ausnahmen hätte. Die Begebenheit verdeutlichte mir, wie früh Kinder mathematische Eleganz erkennen können.

Ausnahmen sind nicht schön, sie verursachen ein ungutes Gefühl. Je einfacher eine Äußerung ist, je größer ihre Tragweite, desto eher vermittelt sie den Eindruck, eine tiefere Wahrheit aufzudecken. Die Schönheit der Mathematik kann verschiedene Formen annehmen, aber alle zeigen diese verblüffende Verbindung von Komplexität und Einfachheit, indem schwierige Zusammenhänge auf eine simple Formel gebracht werden. Eine schöne Theorie ist ein sparsamer, abfallarmer Satz ohne willkürliche Ausnahmen und unnütze Unterscheidungen. Eine schöne Theorie sagt mit wenig viel, sie hält das Wesentliche in wenigen Worten fest. Sie ist tadellos und unanfechtbar.

Das Beispiel der Vielecke bleibt ja recht primitiv, doch der Eindruck von Eleganz und Schönheit nimmt zu, wenn die Theorien umfassender werden und dennoch eine Ordnung besitzen, die sich auf wenige einfache Regeln reduzieren lässt. Noch verblüffender wird es, wenn eine neue Theorie, die zuerst komplexer erscheint als die alte, sich in Wahrheit als plausibler und passender erweist. Die imaginären Zahlen sind dafür ein perfektes Beispiel.

Denken wir zurück an die Gleichungen zweiten Grades. Nach der Methode von al-Chwarizmi war es möglich, dass diese Gleichungen zwei Lösungen haben, doch genauso konnten sie nur eine oder auch gar keine Lösung haben. Dies galt aber nur so lange, wie man Lösungen betrachtete, die keine imaginären Zahlen einbeziehen. Wenn man Letztere mitberücksichtigte, vereinfachte sich die Regel erheblich: Alle Gleichungen zweiten Grades haben zwei Lösungen! Al-Chwarizmi nahm an, dass eine Gleichung keine Lösung habe, weil er in einem zu engen Zahlenbegriff gefangen war. Die beiden Lösungen der Gleichung waren nämlich imaginär.

Und es wird noch besser. Dank der imaginären Zahlen haben alle Gleichungen dritten Grades drei Lösungen, und alle Gleichungen des vierten Grades haben vier und so weiter. Die Regel lautet also: Eine Gleichung hat so viele Lösungen wie ihr Grad. Vermutet hatte man diesen Zusammenhang schon im 18. Jahrhundert, bevor er dann im 19. Jahrhundert von Carl Friedrich Gauß bewiesen wurde. Man spricht heute vom «Fundamentalsatz der Algebra».

Mehr als tausend Jahre nach al-Chwarizmis Abhandlung, nach all der Plackerei mit dem dritten Grad, nach den Schwierigkeiten, sich Gleichungen ab dem fünften Grad ohne geometrisches Abbild vorzustellen – wer hätte da gedacht, dass alles auf eine Regel aus acht Wörtern hinausläuft? Sie lautet: Eine Gleichung vom Grad n hat n Lösungen.

Zu verdanken haben wir das dem Geniestreich der imaginären Zahlen! Und nicht nur Gleichungen profitieren davon. In der imaginären Welt lassen sich viele Theoreme auf einmal mit einer Prägnanz und Eleganz darstellen, dass einem schier die Luft wegbleibt. Sämtliche Puzzleteile der Mathematik lassen sich auf einmal wunderbar zusammenfügen. Bombelli ahnte wahrscheinlich nicht, dass er mit seinen komplexen Zahlen Generationen von Mathematikern Zugang zu einem wahrhaften Paradies verschaffte.

In den neuen, ab dem 19. Jahrhundert aufkommenden algebraischen Strukturen suchten Mathematiker nach ebensolchen Eigenschaften: allgemeinen Regeln, Symmetrien, Analogien oder Lösungen, die sich perfekt aneinanderreihen und ergänzen. Die eben von uns erdachte kleine Theorie ist weit davon entfernt, diese Kriterien zu erfüllen und damit von Interesse zu sein. Sie ist rein zufällig, quasi alles an ihr ist Einzelfall. Aus ihren Gleichungen oder den Eigenschaften ihrer Rechenoperation sind keine Regeln abzuleiten. Na schön, dann eben nicht.

Unter den großen Namen der modernen Algebra findet sich der Franzose Évariste Galois, ein frühreifes Genie, das 1832 mit einundzwanzig Jahren an den Folgen eines Duells starb und während seines kurzen Lebens doch seinen Teil zur Geschichte der Gleichungen beitrug. Galois gelang der Beweis, dass sich die Lösungen bestimmter Gleichungen ab dem fünften Grad nicht mehr mit Formeln nach al-

Chwarizmi oder Cardan berechnen ließen, denn diese verwendeten nur die vier Grundrechenarten, Potenzen und Wurzeln. Für seine brillante Beweisführung schuf er maßgeschneiderte algebraische Strukturen, die noch heute unter der Bezeichnung «Galois-Gruppe» untersucht werden.

Es war die deutsche Mathematikerin Emmy Noether, die dann die Kunst, aus einer begrenzten Zahl von Axiomen große algebraische Folgerungen zu ziehen, am produktivsten betrieb. Ab 1907 bis zu ihrem Tod im Jahr 1935 veröffentlichte Noether knapp fünfzig Artikel zur Algebra, und die Auswahl der algebraischen Strukturen und Theoreme, die sie darin ableitete, revolutionierten das Fach zum Teil erheblich. Noether widmete sich vor allem Strukturen, die wir heute Ringe, Körper und Algebren[17] nennen – das sind Strukturen, die nach genau festgelegten Eigenschaften entweder drei, vier oder fünf Operationen besitzen.

Die moderne Algebra hat damit einen Abstraktionsgrad erreicht, dessen Weiterverfolgung diese bescheidene Abhandlung Universitätsseminaren und wissenschaftlichen Werken überlassen muss.

---

17 «Algebra» bezeichnet nicht nur die gesamte Disziplin, sondern auch eine bestimmte algebraische Struktur.

12

Eine Sprache für die Mathematik

Europa im 16. Jahrhundert schäumte förmlich über. Die Renaissance übertrat die Grenzen Italiens und flutete den gesamten Kontinent. Erfindungen und Entdeckungen überschlugen sich. Im Westen, jenseits des Atlantiks, stießen spanische Schiffe auf eine ganz neue Welt. Und während sich die immer zahlreicher werdenden Abenteurer auf die Suche nach fernen Orten begaben, schraubten die humanistischen Denker in ihren Bibliotheken die Zeit zurück und entdeckten erneut die großen Texte der Antike. Auch auf religiöser Ebene geriet Althergebrachtes ins Wanken. Die von Martin Luther und Johannes Calvin angeführte protestantische Bewegung hatte enormen Zulauf, mit der Folge, dass in der zweiten Jahrhunderthälfte Religionskriege wüteten.

Die Verbreitung der neuen Ideen wurde durch eine neue Technik vorangetrieben, die Johannes Gutenberg im Jahr 1450 entdeckte: den Buchdruck mit auswechselbaren Lettern. Dank dieses Verfahrens konnte man nun innerhalb kurzer Zeit zahlreiche Exemplare eines Buchs drucken und in Umlauf bringen. 1482 waren Euklids *Elemente* das erste mathematische Werk, das in Venedig aus der Presse kam. Die Drucktechnik verbreitete sich rasend schnell. Anfang des 16. Jahrhunderts hatten bereits mehrere Hundert Städte eine Druckerei, es lagen zehntausende Werke gedruckt vor.

Die Naturwissenschaften spielten bei diesen Umwälzungen eine wichtige Rolle. 1543 veröffentlichte der polnische Astronom Nikolaus Kopernikus *De Revolutionibus Orbium Coelestium* oder *Über die*

Umschwünge der himmlischen Kreise. Ein Donnerschlag! Mit einem Wisch fegte Kopernikus das astronomische System des Ptolemäus vom Tisch und behauptete, die Erde kreise um die Sonne und nicht umgekehrt! In den folgenden Jahren schlossen sich ihm Giordano Bruno, Johannes Kepler und auch Galileo Galilei an und festigten den Heliozentrismus als neues kosmologisches Bezugsmodell. Die an dieser Revolution beteiligten Gelehrten zogen den Bannstrahl der katholischen Kirche auf sich – sie hatte die Wissenschaften einst befördert, sah sich nun aber bedrängt, da ihre Dogmen in Frage gestellt wurden. Kopernikus hatte noch die Geistesgegenwart, seine Erkenntnisse erst zum Ende seines Lebens zu veröffentlichen, Bruno aber wurde in Rom auf dem Scheiterhaufen verbrannt. Galilei musste seine Thesen vor dem Inquisitionstribunal widerrufen. Der Legende nach murmelte der italienische Gelehrte beim Verlassen des Gerichtssaals: «E pur si muove!» – *Und sie dreht sich doch!*

Die Mathematik folgte diesen Entwicklungen und kam nach und nach in den großen Reichen des europäischen Ostens an. Und auch in Frankreich.

Natürlich hatte man dort auch vor dieser Zeit Mathematik betrieben. Die Gallier besaßen ein Zahlensystem auf der Basis der Zwanzig – das französische Wort für achtzig, «quatre-vingts», also «vier Zwanziger», ist ein Überbleibsel davon. Die römischen Besatzer Galliens waren zwar keine großen Mathematiker, beherrschten die Zahlenwelt aber ausreichend, um ihr gigantisches Reich effektiv zu verwalten. Gleiches gilt für die Franken, Merowinger, Karolinger und Kapetinger, die sich im Laufe des Mittelalters als Herrscher abwechselten. Frankreich konnte innerhalb dieser Spanne keine herausragenden Mathematiker vorweisen, von dort kamen keine Lehrsätze oder großen Erkenntnisse, die nicht schon in einem anderen Teil der Welt entdeckt worden wären.

Doch nun fand die Mathematik also nach Frankreich, und das ist für mich Anlass, mich auf den Weg zu machen. Ziel ist die Vendée.

Im Osten des Landes bin ich mit dem ersten großen französischen Mathematiker der Neuzeit verabredet: François Viète.

Das Dorf Foussais-Payré, zwölf Kilometer von Fontenay-le-Comte entfernt, steckt voller Geschichte. Die ersten Zeugnisse einer Besiedlung reichen in die galloromanische Zeit zurück, doch erst in der Renaissance erlebte das Dorf eine Phase großen Reichtums. Zahlreiche Handwerker und Händler ließen sich in Foussais-Payré nieder, ihre Geschäfte blühten. Der Handel mit Wolle, Leinen und Leder begründete ihr hohes Ansehen. Noch heute sind viele Bauten aus dieser Epoche bemerkenswert gut erhalten. Bei etwa tausend Einwohnern zählt der Ort vier denkmalgeschützte historische Gebäude und weitere Wohnhäuser aus alter Zeit.

Im Norden des Dorfes befindet sich «La Bigotière», ein altes Pachtgut, das François Viète von seinem Vater erbte und ihm den Adelstitel «Sieur» einbrachte. An der Hauptstraße liegt die Herberge Sainte-Catherine, ein alter Familienbesitz, in dem sich Viète als Heranwachsender gerne aufhielt. Für mich ist es sehr bewegend, zwischen den Mauern zu stehen, die den ersten großen Mathematiker Frankreichs aufwachsen sahen. Bestimmt hat der junge François viele Winterabende vor dem riesigen Kamin verbracht, der in der Mitte des größten Zimmers und heutigen Speisesaals thront. War es vor dem warmen Feuer, dass seine ersten mathematischen Ideen aufglühten?

Viète verbrachte nicht sein ganzes Leben in Foussais-Payré. Nach dem Jurastudium in Poitiers reiste er nach Lyon, wo er Karl IX. von Frankreich vorgestellt wurde. Anschließend war er einige Zeit in La Rochelle, bevor er sich dann in Paris niederließ.

Die Religionskriege waren zu dieser Zeit in vollem Gange. Selbst François' Familie war in dieser Frage gespalten. Sein Vater Étienne Viète war zum Protestantismus konvertiert, während die beiden Onkel katholisch blieben. François beteiligte sich nicht an den Auseinandersetzungen und enthüllte nie seine wahren Überzeugungen. Er avancierte zum Advokat einflussreicher protestantischer Familien und zugleich zum Würdenträger des Königreichs. Diese Unentschiedenheit brachte ihm nicht immer Achtung ein. In der Pariser

Bartholomäusnacht, dem Massaker an französischen Protestanten in der Nacht vom 23. auf den 24. August 1572, war er vor Ort, konnte dem Morden aber entkommen. Nicht alle hatten so viel Glück. Petrus Ramus etwa, der die Mathematik an der Universität von Paris einführte und dessen Arbeiten großen Einfluss auf Viète hatten, wurde in jener Nacht getötet.

Neben seiner offiziellen Tätigkeit widmete sich Viète gerne der Mathematik. Er kannte natürlich Euklid, Archimedes und die Gelehrten der Antike, deren Texte die Renaissance wiederentdeckte. Er interessierte sich außerdem für die Werke italienischer Mathematiker und war einer der Ersten, der die *Algebra* von Bombelli las, deren Veröffentlichung quasi unbemerkt geblieben war. Was die Einführung komplexer Zahlen anging, blieb Viète jedoch auf Seiten der Skeptiker. Sein Leben lang veröffentlichte er seine mathematischen Schriften auf eigene Kosten, um sie dann an Personen weiterzugeben, die er der Lektüre für würdig befand. Der Advokat und Mathematiker interessierte sich außerdem für Astronomie, Trigonometrie und Kryptographie.

1591 dann publizierte Viète eine Abhandlung, die zu seinem Hauptwerk werden sollte: *In artem analyticem isagoge* oder *Einführung in die analytische Kunst*, die oft einfach *Isagoge* tituliert wird. Erstaunlicherweise sollte die *Isagoge* nicht wegen der in ihr enthaltenen Theoreme oder mathematischen Beweisführungen Geschichte machen, sondern aufgrund der Art und Weise, wie diese Ergebnisse formuliert wurden. Viète war der Initiator der neuen Algebra, die innerhalb weniger Jahrzehnte eine neue Sprache der Mathematik entstehen ließ.

Um sein Vorgehen zu begreifen, müssen wir uns die mathematischen Werke vor Viètes *Isagoge* vornehmen. Die geometrischen Theoreme von Euklid oder die algebraischen Methoden von al-Chwarizmi sind noch heute von großem Nutzen, doch die Art, wie wir sie ausdrücken, hat sich radikal verändert. Die Gelehrten der alten Zeit hatten keine spezifische Sprache für die Mathematik. Alle Symbole, die uns so vertraut sind, etwa die Zeichen für die Grundrechenarten $+$, $-$, $\times$ und $\div$, wurden erst in der Renaissance erfunden. Über fünftausend Jahre lang verwendeten Mesopotamier, Araber, Griechen, Chinesen und Inder mathematische Formeln, die dem Alltagsvokabular ihrer Sprache entnommen waren.

Die Bücher al-Chwarizmis und die Werke der Algebraiker Bagdads sind also sämtlich auf Arabisch geschrieben und verwenden keine Symbole. So kommt es, dass bestimmte Folgerungen, für die man heute nur wenige Zeilen benötigt, gleich mehrere Seiten einnehmen. Erinnern wir uns an folgende Gleichung zweiten Grades aus al-Chwarizmis *al-jabr:*

Das Quadrat einer Zahl plus einundzwanzig ist gleich dem Zehnfachen dieser Zahl.

Und hier nun al-Chwarizmis ausformulierte Lösung:

Quadrate und Zahlen sind den Wurzeln gleich; zum Beispiel «ein Quadrat und einundzwanzig in Zahlen sind gleich zehn Wurzeln ebendieses Quadrats.» Das heißt, was muss die Menge eines Quadrats sein, welche, wenn einundzwanzig Dirhems hinzugefügt werden, gleich wird zu zehn Wurzeln desselben Quadrats? Lösung: Halbiere die Zahl der Wurzeln; die Hälfte ist fünf. Multipliziere diese mit sich selbst; das Produkt ist fünfundzwanzig. Nimm davon die einundzwanzig weg, die dem Quadrat zugeordnet ist; der Rest ist vier. Ziehe daraus die Wurzel, das ist zwei. Ziehe dies von der Hälfte der Wurzeln ab, was fünf ist; der Rest ist drei. Dies ist die Wurzel des Quadrats, welches du gesucht hast; und das Quadrat ist neun. Oder: Füge die Wurzel zu der Hälfte der Wurzeln hinzu; die Summe ist sieben; dies ist die Wurzel des Quadrats, nach welchem du gesucht hast, und das Quadrat selbst ist neunundvierzig.

Ein solcher Text ist heute sehr mühselig zu lesen, selbst für Studenten, die mit der beschriebenen Methode bestens vertraut sind.

Al-Chwarizmis Lösungsweg gelangt zu zwei Ergebnissen: 9 und 49.

Die rhetorische Algebra, wie man sie später nennen sollte, musste nicht nur in lange Sätze gefasst werden: Sie litt zudem unter der Uneindeutigkeit der Sprache, die manchmal verschiedene Deutungen zuließ. Da die Folgerungen und Beweisführungen immer komplizierter wurden, erwies sich diese Art der Niederschrift als immer mühevoller.

Zu diesen Schwierigkeiten kamen manchmal noch Hürden, die sich die Mathematiker selbst stellten. So traf man früher regelmäßig auf in Verse gefasste Mathematik. Dieses Phänomen liegt in der mündlichen Überlieferung begründet, bei der das Auswendiglernen durch die Reimform erleichtert wurde. Als Tartaglia seine Lösungsmethode für den dritten Grad an Cardano weitergab, schrieb er sie auf Italienisch und in Alexandrinern nieder! Die Ausführungen verlieren natürlich an Klarheit, was sie an Poesie gewinnen, und es liegt der Verdacht nahe, dass Tartaglia, der seine Entdeckung ja ohnehin nicht herausgeben wollte, seine Beweisführung absichtlich verschleierte. Hier ein ins Deutsche übersetzter Ausschnitt:

> *Wenn der Kubus mit den Sachen*
> *gleich einer bestimmten Zahl ist,*
> *finde zwei andere, verschiedene in ihr.*
> *Dann verfahre wie gewohnt,*
> *damit deren Produkt sei gleich*
> *dem Kubus des Drittels der Sache.*
> *Im Ergebnis dann,*
> *da ihre Kubikwurzeln wohl abgezogen,*
> *wirst du deine Hauptsache erhalten.*

Ziemlich undurchsichtig, oder? Was Tartaglia die «Sache» nennt, ist ebendie gesuchte Zahl, die Unbekannte. Der Kubus oder Würfel weist darauf hin, dass wir es mit einer Gleichung dritten Grades zu tun haben. Als Cardano endlich in Besitz der gedichteten Lösungsformel war, hatte übrigens auch er große Schwierigkeiten, sie zu enträtseln.

Um der steigenden Komplexität zu begegnen, vereinfachten die Mathematiker nach und nach die Sprache der Algebra. Dies begann bereits im Mittelalter im westlichen Teil der arabischen Welt, doch erst im Europa des 15. und 16. Jahrhunderts zog die Entwicklung weitere Kreise.

Zuerst einmal tauchten neue Wörter auf, die nur im Zusammenhang mit Mathematik verwendet wurden. Der englische Mathematiker Robert Recorde stellte Mitte des 16. Jahrhunderts eine Nomenklatur für bestimmte Potenzen einer Unbekannten vor. Mit seinem Präfixsystem ließen sich die Potenzen beliebig erweitern: Das Quadrat einer Unbekannten hieß etwa *zenzike*, die sechste Potenz *zenzicubike* und die achte Potenz *zenzizenzizenzike*.

Und dann, Schritt für Schritt, geschah es, dass an verschiedenen Orten und auf ziemlich ungeordnete Weise ganz neue Symbole auftauchten, die uns heute bestens vertraut sind.

Um 1460 verwendet der Deutsche Johannes Widmann erstmals die Zeichen + und − für die Addition bzw. Subtraktion. Anfang des 16. Jahrhunderts benutzt Tartaglia, der uns ja inzwischen gut bekannt ist, als einer der Ersten Klammern ( ) in seinen Rechnungen. Und 1557 ist es wiederum Robert Recorde, der = als Gleichheitszeichen einführt. 1608 bedient sich der Niederländer Rudolph Snellius eines Kommas, um den ganzen Teil vom Dezimalteil einer Zahl zu trennen. 1621 führt der Engländer Thomas Harriot die Zeichen < > ein, um anzuzeigen, welche von zwei Zahlen größer bzw. kleiner ist. 1631 dann verwendet der Engländer William Oughtred das Kreuz × als Multiplikationszeichen und führt 1647 auch noch den griechischen Buchstaben π für die berühmte Archimedes-Konstante, die Kreiszahl pi, ein. Der Deutsche Johann Rahn setzt 1659 zum ersten Mal das Zeichen ÷ für die Division. Im Jahre 1525 wählt der Deutsche Christoff Rudolff das Zeichen √ für die Quadratwurzel – dieser fügt der Franzose René Descartes 1647 noch einen horizontalen Balken hinzu: $\sqrt{}$.

Das alles geschah keineswegs nacheinander oder irgendwie geordnet. Innerhalb dieser Zeitspanne tauchten noch viele andere Symbole auf und verschwanden wieder. Manche wurden nur ein einziges Mal verwendet, manche verbreiteten sich und machten einander Konkurrenz. Zwischen der ersten Verwendung eines Zeichens und seiner endgültigen Aufnahme in Mathematikerkreise vergingen manchmal Jahrzehnte. Selbst hundert Jahre nach ihrer Einführung wurden die Zeichen + und – nicht durchgehend verwendet, und viele Mathematiker schrieben stattdessen noch die Buchstaben P und M als Abkürzung für die lateinischen Worte *plus* und *minus*.

Und wie stand Viète zu alldem? Der französische Gelehrte trieb die Entwicklung entscheidend an. In seiner *Isagoge* brachte er ein umfassendes Modernisierungsprogramm für die Algebra vor und schuf auch gleich die passende Grundlage, indem er das Rechnen mit Buchstaben einführte. Sein Vorschlag war genauso einfach wie erstaunlich: Man benenne die Unbekannten einer Gleichung mit Vokalen, die bekannten Zahlen dagegen mit Konsonanten.

Diese Verteilung von Vokalen und Konsonanten wurde jedoch rasch zugunsten einer anderen, leicht abgeänderten Idee aufgegeben: René Descartes setzte die ersten Buchstaben des Alphabets (*a*, *b*, *c* ...) an die Stelle der bekannten Zahlen, die letzten Buchstaben des Alphabets (*x*, *y*, *z*) an die Stelle der Unbekannten. Nach dieser Übereinkunft richtet sich noch heute die Mehrheit der Mathematiker. Der Buchstabe «x» ist sogar in der Alltagssprache zu einem Symbol für etwas Unbekanntes oder Rätselhaftes geworden.

Um zu verstehen, wie sehr sich die Algebra durch ihre neue Sprache verändert hat, rufen wir uns am besten noch einmal folgende Gleichung in Erinnerung:

Gesucht wird eine Zahl, die mit 5 multipliziert 30 ergibt.

Dank der neuen Symbolik schreibt sich diese Gleichung nun mit einer Handvoll Zeichen: $5 \times x = 30$.

Geben Sie zu, das verkürzt die Sache erheblich! Erinnern Sie sich auch, dass die Gleichung ein konkreter Fall einer höheren Ebene war? Nämlich:

Gesucht wird eine Zahl, die multipliziert mit einer bestimmten Quantität 1 eine Größe Quantität 2 ergibt.

Diese abstraktere Gleichung erhält die Notation: $a \times x = b$.

Die Buchstaben a und b stammen vom Anfang des Alphabets, und daher wissen wir, dass wir es mit bekannten Mengen zu tun haben, anhand derer wir x berechnen wollen. Und wie wir schon gesehen haben, lösen sich Gleichungen dieses Typs, indem man die zweite bekannte Menge durch die erste teilt. In anderen Worten: $x = b \div a$.

Die Mathematiker begannen nun, Falllisten zu entwerfen und Regeln zur Auflösung von Buchstabengleichungen aufzustellen. Die Algebra verwandelte sich allmählich in eine Art Spiel, in dem die erlaubten Züge durch Rechenregeln vorgegeben sind. Nehmen wir uns nochmals die Lösung zu unserer Gleichung vor. Durch den Schritt von $a \times x = b$ zu $x = b \div a$ ist der Buchstabe a von der linken Seite des Gleichheitszeichens = auf die rechte gerutscht, und aus der Rechenoperation Multiplikation ist eine Division geworden. Es handelt es sich also um eine erlaubte Regel: Jede multiplizierte Menge kann auf die andere Seite des Gleichheitszeichens rücken, indem sie dividiert wird. Ähnliche Regeln erlauben die Bearbeitung von Additionen und Subtraktionen oder die Umwandlung von Potenzen. Das Ziel des Spiels bleibt dasselbe: Man will den Wert der Unbekannten x herausbekommen.

Das Spiel mit den Symbolen erwies sich als dermaßen effektiv, dass die Algebra schnell von der Geometrie unabhängig wurde. Es bestand nun keine Notwendigkeit mehr, Multiplikationen als Rechtecke darzustellen oder Beweisführungen wie Rätsel zu formulieren. Jetzt waren x, y und z an der Reihe! Und es kam sogar noch besser: Der Erfolg des Rechnens mit Variablen verschob das Kräftegleichgewicht, und fortan war es die Geometrie, die von algebraischen Beweisen abging.

Diese Wende beförderte vor allem der Franzose René Descartes, indem er ein einfaches und wirkungsvolles Mittel zur Umwandlung geometrischer Probleme in Algebra vorstellte: das Koordinatensystem.

Kartesische Koordinaten

Descartes' Idee war genauso einfach wie genial: Man zeichnet zwei skalierte Geraden, die im rechten Winkel zueinander stehen, eine horizontal und eine vertikal, und kann dann jeden geometrischen Punkt mit den Koordinaten der beiden Achsen angeben. Nehmen wir zum Beispiel Punkt A:

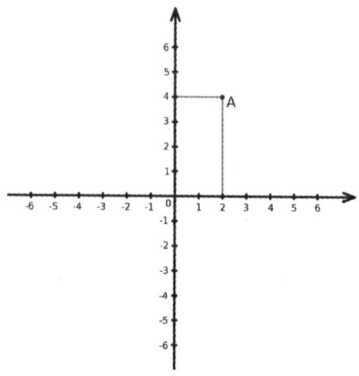

Punkt A befindet sich genau über der Gradeinteilung 2 der horizontalen Achse und auf Höhe der Gradeinteilung 4 der vertika-

len Achse. Seine Koordinaten heißen also 2 und 4. Durch dieses
Verfahren lässt sich jeder geometrische Punkt mit zwei Zahlen
wiedergeben, und im Gegenzug lässt sich jedem Zahlenpaar ein
Punkt zuordnen.

Die Geometrie und die Zahlen waren schon immer eng miteinander verknüpft, doch mit den Kartesischen Koordinaten ver-
schmolzen die beiden Disziplinen im Grunde. Jedes geometrische Problem ließ sich nun algebraisch interpretieren, und jedes
algebraische Problem konnte geometrisch dargestellt werden.

Betrachten wir zum Beispiel folgende Gleichung ersten Grades: $x + 2 = y$. Die Gleichung hat zwei Unbekannte: Wir suchen
x und y. Eine Lösung könnte etwa lauten: $x = 2$ und $y = 4$,
denn $2 + 2 = 4$. Die Zahlen 2 und 4 entsprechen den Koordinaten von Punkt A. Die Lösung lässt sich also geometrisch durch
diesen Punkt darstellen.

Doch die Gleichung $x + 2 = y$ hat unendlich viele Lösungen.
So gibt es zum Beispiel die Lösung $x = 0$ und $y = 2$ oder auch
$x = 1$ und $y = 3$. Für jeden Wert von x lässt sich ein entspre-
chendes y finden, indem man 2 hinzufügt. In unserem Koordinatensystem lassen sich nun alle Punkte eintragen, die diesen
Lösungen entsprechen. Heraus kommt dabei so etwas:

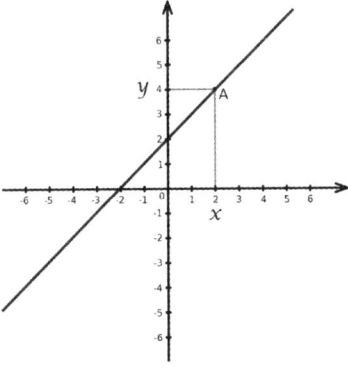

Eine Gerade! Die Lösungen reihen sich fein säuberlich aneinander, um eine Gerade zu bilden. Nicht eine Zahl tanzt aus der Reihe. In der Welt von Descartes ist diese Gerade die geometrische Darstellung der Gleichung, so wie die Gleichung die algebraische Darstellung der Geraden ist. Beides geht ineinander über, und Mathematiker sprechen heute nicht selten von der Geraden: «$x + 2 = y$». Da wird zwei verschiedenen Dingen derselbe Namen gegeben, und Algebra und Geometrie sind auf bestem Wege, zu einer einzigen Disziplin zu verschmelzen.

So entstand ein ganzes Vokabular, mit dem sich Gegenstände der geometrischen Sprache in die Sprache der Algebra übersetzen lassen und umgekehrt. Zum Beispiel heißt die geometrische «Mitte» in der Algebra «Mittel». Kehren wir noch einmal zu unserem Punkt A mit den Koordinaten 2 und 4 zurück, dem wir nun einen Punkt B mit den Koordinaten 4 und −6 zur Seite stellen. Um die Mitte der Strecke zwischen A und B zu berechnen, können wir also auch einfach das Mittel der Koordinaten bestimmen. Die erste Koordinate von A ist 2, die von B ist 4, und die erste Koordinate der Mitte sollte dem Mittel dieser beiden Zahlen entsprechen: $(2+4)/2 = 3$. Wenn man für die vertikale Achse genauso verfährt, ergibt sich: $(4+(−6))/2 = −1$. Die Koordinaten des Mittelpunkts lauten also 3 und −1. Dies lässt sich durch die entsprechende Zeichnung belegen:

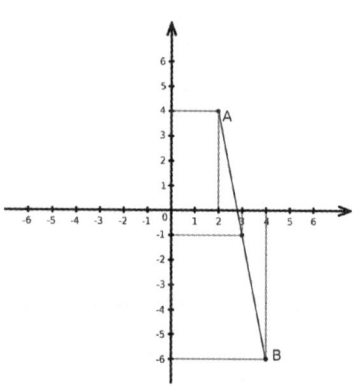

Im Wörterbuch Algebra-Geometrie wird aus einem Kreis eine Gleichung zweiten Grades, und der Schnittpunkt zweier Kurven wird durch ein System von Gleichungen angegeben. Im Gegenzug verwandeln sich der Satz des Pythagoras, trigonometrische Figuren oder Flächenausschnitte in verschiedene algebraische Formeln.

Damit ist es nicht mehr notwendig, Zeichnungen anzufertigen, um Geometrie zu betreiben. Algebraische Berechnungen nehmen ihren Platz ein und sind überdies viel schneller und praktischer!

In den folgenden Jahrzehnten erwiesen sich die Kartesischen Koordinaten als extrem erfolgreich. Eine ihrer schönsten Leistungen war zweifellos die Lösung einer Aufgabe, die sich schon seit der Antike den Versuchen verschiedener Mathematiker widersetzte: die Quadratur des Kreises.

Lässt sich mit Lineal und Zirkel ein Quadrat zeichnen, das genau denselben Flächeninhalt hat wie ein gegebener Kreis? Wir erinnern uns: Schon vor mehr als dreitausend Jahren zerbrach sich der ägyptische Schreiber Ahmes hierüber den Kopf. Nach ihm versuchten sich die Chinesen und Griechen daran, hatten aber auch keinen Erfolg. Über die Jahrhunderte wuchs die Aufgabe zu einer der größten Herausforderungen der Mathematik.

Dank der kartesischen Koordinaten ließen sich nun mit dem Lineal gezeichnete Geraden als Gleichungen ersten Grades abbilden, mit dem Zirkel gezogene Kreise aber als Gleichungen zweiten Gerades. Aus dem Blickwinkel der Algebra stellt sich die Quadratur des Kreises also folgendermaßen dar: Lässt sich eine Folge von Gleichungen ersten oder zweiten Grades finden, deren Lösung die Zahl π ist? Die neue Darstellung ließ die Nachforschungen wieder aufleben, doch auch anders formuliert blieb das Problem vertrackt.

Schließlich war es der deutsche Mathematiker Ferdinand von Lindemann, der dem Rätseln 1882 ein Ende machte. Die Zahl π kann nicht Lösung von Gleichungen ersten oder zweiten Grades sein, die

Quadratur des Kreises ist unmöglich. Und so erledigte sich ein Problem, an dem sich Mathematiker bisher wohl am längsten die Zähne ausgebissen haben.

Die kartesischen Koordinaten lassen sich ohne Schwierigkeiten auf die Geometrie des Raums ausweiten. Bei drei Dimensionen wird jeder Punkt entsprechend mit drei Koordinaten angegeben und die algebraischen Verfahren lassen sich genauso anwenden.

Komplizierter wird es, wenn man zur vierten Dimension übergeht. In der Geometrie lässt sich keine Figur in 4D darstellen, da unsere physische Welt nur drei Dimensionen besitzt. Im Bereich der Algebra ist das jedoch kein Problem: Ein Punkt in der vierten Dimension ist ganz einfach eine Aufzählung von vier Zahlen. Sämtliche Methoden der Algebra sind anwendbar. Wenn man sich etwa die Punkte A und B mit den jeweiligen Koordinaten 1, 2, 3, 4 und 5, 6, 7, 8 vornimmt, lässt sich ganz einfach das Mittel dieser Zahlen nehmen, um festzustellen, dass die Mitte zwischen A und B der Punkt mit den Koordinaten 3, 4, 5, 6 sein muss. Die Geometrie in der vierten Dimension wurde vor allem im 20. Jahrhundert für Albert Einsteins Relativitätstheorie eingesetzt, da man mit der vierten Dimension die Zeit darstellte.

Dies ließe sich endlos fortsetzen. Eine Auflistung aus fünf Zahlen ist demnach ein Punkt in der 5. Dimension. Man füge eine sechste Zahl hinzu – schon befindet man sich in der 6. Dimension. Dem Verfahren ist keine Grenze gesetzt. Eine Auflistung von eintausend Zahlen entspricht einem Punkt in einem Raum mit 1000 Dimensionen.

Auf dieser Ebene erscheint die Analogie wie ein amüsantes Wortspiel, dem kein konkreter Zweck zukommt. Doch weit gefehlt! Sie findet zahlreiche Anwendungen – besonders in der Statistik, deren Aufgabe es ja ist, lange Datenlisten zu bearbeiten.

Wenn man zum Beispiel die demografischen Informationen zu einer Bevölkerungsgruppe analysiert, könnte man etwa wissen wol-

len, wie weit bestimmte Eigenschaften wie Größe, Gewicht oder Er-
nährungsgewohnheiten vom Mittel entfernt sind. Geometrisch klärt
man die Frage, indem man die Entfernung zwischen zwei Punkten
berechnet, wobei der erste die Daten zu den einzelnen Personen
und der zweite den Mittelwert angibt. Die Anzahl der Koordinaten
entspricht der Anzahl der Personen innerhalb der Gruppe. Die
Rechnung wird mit Hilfe von rechtwinkligen Dreiecken durchgeführt, an denen man den Satz des Pythagoras anwenden kann. Ein
Statistiker, der die Normabweichung von einer Gruppe aus 1000 Individuen berechnet, verwendet also, oftmals ohne es zu wissen, den
Satz des Pythagoras in der 1000. Dimension! Die Methode kommt
auch in der Biologie zum Einsatz, um genetische Unterschiede zwischen zwei Tierpopulationen zu analysieren. Anhand von Formeln,
die aus der Geometrie stammen, wird dabei der Abstand zwischen
den durch Zahlenlisten kodierten Genomen bestimmt. So lässt sich
die relative Nähe verschiedener Arten bestimmen und letztendlich
ein Stammbaum der lebenden Art entwerfen.

Man könnte die Analyse sogar auf unendliche Zahlenlisten ausweiten, also auf Punkte in einem Raum mit unendlich vielen Dimensionen. Und tatsächlich dürfte uns das bekannt vorkommen,
denn es handelt sich um Zahlenfolgen wie bei Fibonacci. Indem er
seinen Kaninchen zusah, betrieb der italienische Mathematiker un-
wissentlich Geometrie in unendlich vielen Dimensionen! Eben diese
geometrische Interpretation ermöglichte den Mathematikern des
18. Jahrhunderts, den engen Zusammenhang zwischen der Fibonacci-Folge und dem Goldenen Schnitt so klar wie möglich darzustellen.

13

Das Alphabet der Welt

«Die Philosophie steht in diesem großen Buch geschrieben, dem Universum, das unserem Blick ständig offenliegt. Aber das Buch ist nicht zu verstehen, wenn man nicht zuvor die Sprache erlernt und sich mit den Buchstaben vertraut gemacht hat, in denen es geschrieben ist. Es ist in der Sprache der Mathematik geschrieben, und deren Buchstaben sind Kreise, Dreiecke und andere geometrische Figuren, ohne die es dem Menschen unmöglich ist, ein einziges Wort davon zu verstehen.»

Diese Zeilen gehören wohl zu den berühmtesten Texten der Wissenschaftsgeschichte und wurden im Jahre 1623 von Galileo Galilei verfasst, und in seinem Werk *Il Saggiatore* oder *Der Prüfer mit der Goldwaage* veröffentlicht.

Galilei ist ohne Zweifel einer der produktivsten und innovativsten Wissenschaftler aller Zeiten. Der italienische Gelehrte gilt als der Begründer der modernen Physik. Seine Leistungen sind mehr als beeindruckend: Er ist Erfinder des Teleskops und Entdecker der Saturnringe, der Sonnenflecken, der Venusphasen und der vier Hauptmonde des Jupiter. Er war ein besonders einflussreicher Verteidiger des kopernikanischen Heliozentrismus, beschrieb das nach ihm benannte Prinzip der Relativität von Bewegungen und war der Erste, der den Fall von Körpern experimentell untersuchte.

Il Saggiatore zeugt von der engen Verbindung, die sich während dieser Epoche zwischen Mathematik und Physik entspann. Galilei war einer der Ersten, die diese Annäherung vorantrieb. Doch er genoss auch eine gute Schule: Kein anderer als Ostilio Ricci, ein Schüler

Tartaglias, führte den neunzehnjährigen Galilei in die Mathematik ein. Ihm sollten Generationen von Wissenschaftlern folgen, für die sich die Welt in der Sprache von Algebra und Geometrie ausdrückt.

Die damals geknüpfte Verbindung von Mathematik und Physik sollte man sich genauer anschauen. Sicher, im Laufe unserer Geschichte haben wir schon mehrmals erlebt, wie Mathematik eingesetzt wurde, um die Welt zu untersuchen und zu begreifen. Was sich aber im 17. Jahrhundert abspielte, war etwas komplett Neues. Denn bis dahin blieben mathematische Modelle eindeutig menschliche Konstrukte. Sie bildeten die Realität ab, waren aber nicht aus ihr entstanden. Als die mesopotamischen Vermesser mit Hilfe der Geometrie ein Rechteck absteckten, war dieses Rechteck eben vom Menschen geschaffen und gehörte nicht zur Natur, bis der Landwirt es bebaute. Wenn Geografen eine Region durch Triangulation aufteilten, um Karten anzulegen, waren diese Dreiecke künstliche Gebilde.

Eine ganz andere Herausforderung ist es aber, die dem Menschen vorgegebene Welt in Mathematik auszudrücken! Manche Gelehrte der Antike haben sich ja tatsächlich daran versucht. Etwa Platon, der die fünf regulären Polyeder den vier Elementen und dem Kosmos zuordnete. Die Pythagoreer waren ja besonders versessen auf Interpretationen in dieser Richtung, doch nüchtern betrachtet waren ihre Theorien nicht ernst zu nehmen. Sie bauten auf rein metaphysischen Betrachtungen auf und wurden nie experimentell überprüft. Letztendlich erwiesen sich beinahe alle Vermutungen als falsch.

Die Gelehrten des 17. Jahrhunderts aber verstanden, dass die Natur bis in ihre kleinsten Mechanismen hinein durch mathematische Gesetze gelenkt wird, die sich mit Hilfe von Experimenten zutage fördern lassen. Eine durchschlagende Erkenntnis dieser Epoche war zweifelsohne das von Isaac Newton entdeckte Gesetz der Schwerkraft.

In seinem Werk *Philosophiae naturalis principia mathematica* oder *Die mathematischen Grundlagen der Naturphilosophie* begriff der englische Wissenschaftler als Erster, dass es sich um dasselbe Phänomen handelt, wenn ein Körper auf die Erde fällt oder die Gestirne am Himmel ihre Kreise ziehen. Alle Dinge des Universums ziehen einander an. Bei kleinen Gegenständen ist diese Kraft kaum wahrzunehmen, sobald es um Planeten oder Sterne geht, gewinnt sie aber enorme Bedeutung. Die Erde zieht Dinge an, aus diesem Grund fallen Körper zu Boden. Die Erde zieht aber auch den Mond an, und auf bestimmte Weise fällt auch der Mond. Da die Erde rund ist und der Mond mit großer Geschwindigkeit unterwegs ist, fällt er ständig an der Erde vorbei und umkreist sie! Nach demselben Prinzip drehen sich die Planeten um die Sonne.

Newton begnügte sich nicht damit, das Gesetz der Anziehung zu formulieren. Er präzisierte außerdem, wie groß die jeweilige Kraft ist, mit der sich zwei Körper anziehen. Dazu bediente er sich einer mathematischen Formel. Die Kraft, mit der sich zwei beliebige Körper anziehen, ist proportional zum Produkt ihrer Massen geteilt durch das Quadrat ihrer Entfernung. Dank Viètes Variablenrechnung schreibt sich dieser Zusammenhang wie folgt:

$$F = G \times \frac{m_1 \times m_2}{d^2}$$

In der Formel steht der Buchstabe F für die jeweilige Kraft; m_1 und m_2 sind die Massen der beiden Körper, deren Anziehung man berechnet; d bezeichnet die Distanz, welche die Körper voneinander trennt. Die Zahl G ist dagegen eine Konstante mit dem Wert 0,0000000000667. Dieser sehr niedrige Wert erklärt, warum die Anziehungskraft bei kleinen Objekten kaum wahrnehmbar ist und erst bei der enormen Masse von Planeten und Sternen spürbar wird. Jedes Mal, wenn wir einen Gegenstand hochheben, beweisen wir damit, dass unsere Muskelkraft größer ist als die Anziehungskraft der ganzen großen Erde!

Sobald die Formel einmal steht, verwandeln sich physikalische Probleme in mathematische Probleme. So ist es möglich, die Umlaufbahnen von Himmelskörpern zu berechnen und vor allem ihre zukünftige Position vorauszusehen! Das Datum der nächsten Sternenfinsternis findet man heraus, wenn man den Wert der Unbekannten in einer algebraischen Gleichung berechnet.

In den nachfolgenden Jahrzehnten sollte Newtons Gesetz viele Erfolge zeitigen. Die allgemeine Gravitation bestätigte, dass die Erde an ihren Polen leicht abgeflacht sein musste – dies wurde durch die Vermessung des Meridians per Triangulation untermauert. Eine wirklich spektakuläre Wirkung der Newton'schen Gesetze war, dass man mit ihrer Hilfe die Rückkehr des Kometen Halley berechnen konnte.

Seit der Antike hatten die Gelehrten das wie zufällige Auftauchen von Kometen am Himmel beobachtet und notiert. Was die Erklärung des Phänomens anging, schieden sich die Geister. Die Aristoteliker betrachteten Kometen als atmosphärisches Phänomen, das also in relativ kurzem Abstand zur Erde stattfand, während die Pythagoreer Kometen als eine Art Planeten ansahen, also als weit entfernte Objekte. Als Newton seine *Principia Mathematica* veröffentlichte, war der Streit über das Thema noch nicht beigelegt, die beiden Schulen beharkten sich weiter.

Dass Kometen ferne Gestirne sind, die um die Sonne kreisen, konnte man etwa dadurch beweisen, dass man ihre regelmäßige Wiederkehr nachwies. Ein Körper, der sich auf einer Umlaufbahn bewegt, muss in bestimmten Abständen am selben Punkt wieder auftauchen. Doch Anfang des 18. Jahrhunderts war eine solche Regelmäßigkeit noch in keinem Fall beobachtet worden. Dann aber, im Jahre 1707, verkündete ein britischer Astronom und Freund Newtons, er habe da etwas entdeckt.

1682 beobachtete Halley einen Kometen, der ihm zunächst als nichts Besonderes erschien. Im Jahr zuvor hatte sich der Astronom nach Frankreich begeben und war dort im Observatorium von Paris mit Giovanni Domenico Cassini zusammengetroffen. Letzterer hatte ihm von der Hypothese berichtet, nach der Kometen regelmäßig wieder auftauchen. Halley durchforstete also die astronomischen Archive und stieß auf zwei weitere Kometensichtungen, die sein Interesse weckten. Die eine hatte 1531, die andere 1607 stattgefunden. Die Kometen von 1531, 1607 und 1682 bildeten zwei identische Intervalle von sechsundsiebzig Jahren. Und wenn es sich nun um einen einzigen Kometen handelte? Halley setzte alles auf eine Karte und verkündete, der Komet würde 1758 erneut zu sehen sein!

Es folgten einundfünfzig Jahre des Wartens. Die Spannung stieg ins Unerträgliche. Verschiedene Forscher nutzten die Zeit, um Halleys Voraussage zu verfeinern. So wurde beispielsweise vermutet, dass die Anziehung der beiden Riesenplaneten Jupiter und Saturn die Kometenbahn ablenken könnte. 1757 stürzten sich der Astronom Jérôme Lalande und die Mathematikerin Nicole-Reine Lepaute in Berechnungen, die sich auf ein von Alexis Clairaut anhand der Newton'schen Gleichungen entwickeltes Modell stützten. Für die ellenlangen und eintönigen Berechnungen benötigten die drei Wissenschaftler mehrere Monate, schließlich konnten sie mit einer Unschärfe von einem Monat voraussagen, dass der Komet im April 1759 der Sonne am nächsten kommen würde.

Und dann geschah das Unglaubliche. Der Komet tauchte tatsächlich wieder auf, und die ganze Welt konnte sehen, wie er zum Ruhme Newtons und Halleys am Himmel erschien. Er zog am 13. März an der Sonne vorbei, also innerhalb der von Clairaut, Lalande und Lepaute berechneten Zeitspanne. Halley sollte die Rückkehr des Kometen – den man im Übrigen nach ihm benannte – nicht mehr erleben. Doch die Theorie der Gravitation und die durch sie begonnene Mathematisierung der Physik lieferten einen erstaunlichen Beweis für ihre Erklärungsmacht.

Die Ironie der Geschichte wollte, dass Galilei, ganz entgegen seinem Bestreben zur Mathematisierung der Welt, in seinem *Essayeur* die These der atmosphärischen Kometen verfocht! Sein Buch war eine Antwort auf den Mathematiker Orazio Grassi, der einige Jahre zuvor die gegenteilige Ansicht formuliert hatte. Galileis Bekanntheit und der polemische Ton machten die Schrift zu einem frühen Bestseller, doch weder Ruhm noch Erfolg beförderten die Wahrheit. «Und er bewegt sich doch ...», hätte Grassi seinem Widersacher Galilei entgegnen können.

Abgesehen von Galileis Denkfehler zeigt diese Anekdote auch, wie gefestigt der wissenschaftliche Prozess der Wahrheitsfindung inzwischen war. Denn die Schlussfolgerungen der wissenschaftlichen Methode hingen nicht mehr von der vorherrschenden Meinung der großen Denker ab – und wenn sie auch Galileo Galilei hießen. Durchsetzen konnten sich die Tatsachen. Die reale Beschaffenheit von Kometen, ja die Beschaffenheit aller Objekte der physischen Welt war nun endgültig unabhängig von der Vorstellung der Menschen. Wenn sich in der Antike ein großer Gelehrter irrte, blieben ihm seine Jünger dennoch treu, denn seine Autorität bedeutete Argumentationshoheit. Oftmals hielt sich eine Vermutung, die man mit einem einfachen Experiment hätte widerlegen können, über mehrere Jahrhunderte. Dass Galileis Fehler innerhalb weniger Jahrzehnte offengelegt wurde, zeigt also, dass inzwischen ein gesundes wissenschaftliches Klima herrschte!

Die Bahn eines Kometen zu berechnen, den man schon einmal beobachtet hat, ist eine Sache. Eine ganz andere dagegen ist es, einen Himmelskörper zu orten, von dem man rein gar nichts weiß. Zu den größten Erfolgen der astronomischen Mathematik muss man die Entdeckung des Planeten Neptun im 19. Jahrhundert zählen. Der achte und letzte Planet des Sonnensystems ist der einzige, dessen Existenz nicht durch Beobachtungen, sondern durch Berechnungen bewiesen wurde! Diese Leistung haben wir dem französischen Mathematiker und Astronom Urbain Le Verrier zu verdanken.

Ende des 18. Jahrhunderts bemerkten mehrere Astronomen Unregelmäßigkeiten in der Umlaufbahn von Uranus, dem letzten bekannten Planeten. Der Himmelskörper folgte nicht exakt der Bahn, die ihm das allgemeine Gravitationsgesetz vorschrieb. Hierfür konnte es zwei Erklärungen geben: Entweder war Newtons Theorie falsch, oder aber ein anderes, unbekanntes Gestirn sorgte für diese Störungen. Anhand der Umlaufbahn des Uranus versuchte Le Verrier nun, die Position dieses hypothetischen neuen Planeten zu berechnen. Es kostete ihn zwei Jahre unermüdlichen Arbeitens, um auf ein Ergebnis zu kommen.

Und dann kam die Stunde der Wahrheit. In der Nacht vom 23. auf den 24. September 1846 richtete der deutsche Astronom Johann Gottfried Galle sein Fernrohr auf den Punkt, den ihm Le Verrier mitgeteilt hatte, schaute durchs Okular und … sah ihn. Einen kleinen bläulichen Fleck in den unermesslichen Tiefen des Nachthimmels. Über vier Milliarden Kilometer von der Erde entfernt befand sich tatsächlich der neue Planet!

Welch unbeschreibliches Hochgefühl, welcher Anflug von Allmacht muss Urbain Le Verrier an diesem Tag gepackt haben. Mit der Spitze seines Federkiels und der Aussagekraft seiner Gleichungen konnte er den Titanentanz der Planeten einfangen, begreifen, unter Kontrolle bringen! Auf einmal hatte die Mathematik die unheimlichen Himmelsriesen gezähmt, die großen Götter von einst schnurrten nur noch brav unter den Streicheleinheiten der Algebra. Man kann sich leicht vorstellen, wie begeistert die weltweite Astronomengemeinde in jenen Tagen war. Noch heute kann jeder Hobbyastronom, der Neptun mit seinem Teleskop einfängt, dieses Kribbeln spüren.

Das Leben einer wissenschaftlichen Theorie hat verschiedene Phasen. Zu Beginn stehen Hypothesen – es ist eine Zeit des Zögerns, der Irrtümer, aber allmählich tritt aus dem Nebel eine Idee. Dann folgt eine Zeit der Prüfung, in der verschiedene Experimente wie unfehlbare Richter Gleichungen bestätigen oder verwerfen. Anschließend aber werden die Theorien flügge, sie erlangen Unabhängigkeit. Es ist der Augenblick, da eine Theorie genug Selbstvertrauen besitzt, um eine Aussage über die Welt zu treffen, ohne sie dabei anzuschauen. An diesem Punkt können die Gleichungen der Erfahrung vorangehen und ein bisher nicht beobachtetes, unerwartetes Ereignis vorwegnehmen. Aus der entdeckten Theorie wird die entdeckende Theorie, sie wird zur Verbündeten und Kollegin der Wissenschaftler, die sie einmal erschlossen haben. Wenn die Theorie diese Reife erlangt hat, ist die Zeit des Halley'schen Kometen und des Planeten Neptun gekommen. Und auch die Zeit der Sonnenfinsternis, die am 29. Mai 1919 Einsteins Relativitätstheorie den Triumph brachte. Die Zeit der Higgs-Bosonen, die 2012 entsprechend dem Standardmodell der Teilchenphysik entdeckt wurden, oder auch die Zeit der Gravitationswellen, die erstmals am 14. September 2015 aufgezeichnet wurden.

Um erwachsen zu werden und Glaubwürdigkeit zu erlangen, benötigen alle großen naturwissenschaftlichen Entdeckungen die Mathematik, sie brauchen algebraische Gleichungen und geometrische Figuren. Denn die Mathematik kann belegen, welche überwältigende Wahrheit in unwahrscheinlichen Hypothesen steckt. Keine ernst zu nehmende naturwissenschaftliche Theorie würde heutzutage wagen, sich in einer anderen Sprache auszudrücken.

Kristallografie

Die Mathematisierung der Welt betrifft auch die Chemie, und wir werden nun ein paar alte Bekannte wiedertreffen. Anfang des 19. Jahrhunderts bemerkte der französische Mineraloge René Juste Haüy, dass ein Kalkspatbrocken, der ihm aus der Hand rutschte, in unzählige Stücke zerfiel, die dennoch eine geometrische Form besaßen. Die Bruchstellen waren nicht zufällig, sondern hatten ebene Flächen, die präzise Winkel miteinander bildeten. Dieses Phänomen ergab sich, schloss Haüy, da der Kalkspat aus einer Vielzahl ähnlicher Elemente bestehen musste, die sich in perfekter Regelmäßigkeit zusammenschlossen. Ein Festkörper, der diese Eigenschaft besitzt, wird als Kristall bezeichnet. Auf mikroskopischer Ebene besteht ein Kristall aus einem Muster, das aus mehreren Atomen oder Molekülen gebildet ist und sich in dieser identischen Form in alle Richtungen fortsetzt.

Ein Muster, das sich wiederholt? Lässt Sie das an etwas denken? Das Prinzip erinnert in erstaunlichem Maße an die mesopotamischen Friese und die arabischen Mosaike. Beim Fries setzt sich das Muster in eine Richtung fort, bei der Parkettierung in zwei Richtungen. Beim Kristall sind nun dieselben Regeln anzuwenden, dieses Mal aber im dreidimensionalen Raum. Die Künstler Mesopotamiens entdeckten die sieben Bandornamente, die arabischen Künstler die siebzehn Parkettierungen. Mit Hilfe algebraischer Strukturen ließ sich zeigen, dass diese Zahlen ein Optimum darstellen: Sie nutzen die Fläche perfekt aus. Dieselben Formeln führen zu der Feststellung, dass es im dreidimensionalen Raum 230 verschiedene Parkettierungen gibt. Die einfachsten Formen sind Parkettierungen mit Würfeln, regelmäßigen sechsseitigen Prismen oder abgestumpften Oktaedern[18], wie hier abgebildet:

  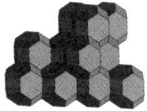

Von links nach rechts: Stapelungen von Würfeln, regelmäßigen sechsseitigen Prismen und abgestumpften Oktaedern. Die Muster können endlos verlängert werden.

Die Figuren passen perfekt ineinander und lassen sich lückenlos stapeln, um eine Struktur zu bilden, die sich endlos in jede

---

18 Ein Oktaeder ist einer der fünf platonischen Körper, denen wir schon begegnet sind. Ein abgestumpftes Oktaeder ergibt sich durch das Abflachen der Spitzen, genau wie beim abgestumpften Ikosaeder (oder Fußballkörper), bei dem die Ecken des Ikosaeder abgeschnitten werden.

Richtung fortsetzen ließe. Wer hätte gedacht, dass uns die Überlegungen der mesopotamischen Handwerker Aufschluss über die Eigenschaften von Materie geben könnten?

Kristalle finden sich beinahe überall in unserem Alltag. Da ist zum einen Speisesalz zu nennen, das aus einer Vielzahl kleiner Natriumchloridkristalle besteht, oder aber Quarz, das beim Anlegen einer geringen elektrischen Spannung in regelmäßige Schwingung gerät und Bestandteil von Uhren ist. Doch aufgepasst, das Wort «Kristall» wird in der Alltagssprache manchmal anders verwendet: Kristallgläser etwa haben nichts mit dem wissenschaftlichen Begriff zu tun.

Besonders sehenswerte Kristalle lassen sich in einer Mineraliensammlung bewundern, wie etwa Universitäten oder Naturkundemuseen sie besitzen. Zu den schönsten Sammlungen weltweit gehört die der *Université Pierre et Marie Curie* in Paris.

Die rasche und erfolgreiche Mathematisierung der Welt wirft eine etwas verstörende Frage auf: Wie kommt es eigentlich, dass die Sprache der Mathematik so perfekt geeignet ist, die Welt zu beschreiben? Um zu begreifen, wie verblüffend dieser Zusammenhang ist, kehren wir noch einmal zum Newton'schen Gesetz zurück:

$$F = G \times \frac{m_1 \times m_2}{d^2}$$

Die Intensität der Schwerkraft drückt sich also in einer Formel aus, an der zwei Multiplikationen, eine Division und ein Quadrat beteiligt sind. Die Schlichtheit dieser Formel erscheint wie ein unheimlicher Zufall! Wir wissen nur zu gut, dass sich nicht alle Zahlen durch einfache mathematische Gleichungen darstellen lassen. Das trifft für die Zahl π und viele andere Zahlen zu. Rein statistisch gesehen kommen komplizierte Zahlen viel häufiger vor als einfache

Zahlen. Bei der willkürlichen Auswahl einer Zahl stößt man mit viel höherer Wahrscheinlichkeit auf eine Kommazahl als auf eine ganze Zahl. Genauso ist es viel wahrscheinlicher, auf eine unendliche als auf eine endliche Dezimalzahl zu stoßen. Und man wird eher eine Zahl antreffen, die sich durch keinerlei Formel ausdrücken lässt, als auf eine Zahl, die man anhand der Grundrechenarten erzielen kann.

Newtons Formel ist umso erstaunlicher, da die Anziehungskraft je nach Masse und Entfernung der beteiligten Körper variiert. Wir haben es nicht mit einer einfachen Konstante wie π zu tun. Und doch: Wie groß oder klein die Masse der Körper auch ausfällt und wie weit oder nah sie auch voneinander entfernt sein mögen, ihre Anziehung wird immer mit dieser einen Formel gemessen! Bevor Newton sein Gesetz vorstellte, hätte man berechtigterweise annehmen können, dass die Intensität der Schwerkraft sich niemals in eine mathematische Formel packen lässt. Und selbst wenn, dann hätte man doch mit einem hochkomplexen Gebilde gerechnet, für das monströsere Berechnungen als Multiplikationen, Divisionen und Quadrate erforderlich wären.

Was für ein Zufall also, dass Newtons Formel so ist, wie sie ist! Schon erstaunlich, wie elegant die Natur die Sprache der Mathematik beherrscht. Es geschieht relativ häufig, dass Mathematiker Modelle ersinnen, weil sie deren Schönheit fasziniert, und diese Modelle dann Jahrhunderte später in den Naturwissenschaften Anwendung finden. Dieses Wunder beschränkt sich nicht auf die Gravitation. Elektromagnetische Phänomene, das Quantenverhalten von Elementarteilchen, die Krümmung der Raumzeit – all diese Ereignisse lassen sich mit verblüffender Genauigkeit mathematisch ausdrücken.

Nehmen wir die berühmteste aller Formeln: $E = mc^2$. Albert Einsteins Gleichung drückt die Äquivalenz von Masse und Energie von Körpern aus. Wir wollen die Formel an dieser Stelle gar nicht erläutern, darum geht es nicht. Bedenken Sie nur Folgendes: Einsteins Prinzip, das allgemein als eine extrem faszinierende und tiefgreifende Aussage über das Funktionieren unseres Universums gilt, drückt sich in einer algebraischen Formel mit nur fünf Symbolen aus! Durch welche Fügung? Einstein wird folgender Satz zugeschrieben, der das Verblüffende dieser Situation zusammenfasst: «Das Unverständlichste am Universum ist im Grunde, dass wir es verstehen.» Verstehen mit den Mitteln der Mathematik, heißt das. 1960 sprach der Physiker Eugene Wigner von der «unerklärlichen Effizienz der Mathematik».

Kennen wir die Abstrakta, Zahlen, Modelle, Zusammenhänge und Formeln, die wir angeblich erschaffen haben, wirklich so genau? Wenn die Mathematik in unserem Gehirn entsteht, wieso kann man sie dann als wandelnden Geist außerhalb unserer Köpfe antreffen? Wieso spukt sie durch die physikalische Welt? Ist sie ihr etwa eingegeben? Oder müssen wir diese Abbilder des Realen nicht vielmehr als riesige optische Täuschung betrachten? Wenn wir annehmen, mathematische Gegenstände besäßen eine Existenz außerhalb des menschlichen Geistes, schreiben wir ihnen Eigenschaften des Realen zu, obwohl sie doch reine Abstraktion sind. Was bedeutet dann «existieren», wenn wir das Wort im Zusammenhang mit Dingen verwenden, die doch nichts Materielles haben?

Glauben Sie ja nicht, dass ich irgendeine Antwort auf diese Fragen habe.

14

Das unendlich Kleine

Die enge Zusammenarbeit zwischen Mathematik und Naturwissenschaften funktionierte nicht nur in einer Richtung. Ab dem 17. Jahrhundert tauschten die beiden Fächer unablässig Ideen aus und bereicherten sich gegenseitig. Da die Physik gierig nach Formeln ist, ging es nun bei jeder neuen Entdeckung um die Frage, welche Mathematik sich wohl dahinter verstecken mochte. Gab es zu einem Phänomen schon Formeln oder musste man diese erst entwickeln? Im zweiten Fall standen Mathematiker vor der Herausforderung, neue Theorien nach Maß zu gestalten. In der Physik fanden sie ihre schönste Muse.

Die Entwicklung der newtonschen Gravitation war eines der ersten Ereignisse, die eine innovative Mathematik erforderten. Um die Zusammenhänge zu verdeutlichen, kehren wir am besten noch einmal zum Halley'schen Kometen zurück. Auch wenn man die Kraft kennt, mit der Halley von der Sonne angezogen wird, muss man aus dieser Information ja noch seine Umlaufbahn berechnen und andere nützliche Informationen herleiten, etwa die Position des Kometen an einem bestimmten Datum oder die Zeitspanne, in der er wieder für uns zu sehen ist.

Eine klassische mathematische Frage, die auf jeden Fall zu beantworten wäre, ist die Auskunft darüber, welcher Weg bei einer bestimmten Geschwindigkeit zurückgelegt wird. Wenn der Komet mit einer Geschwindigkeit von 2000 Metern pro Sekunde im All unterwegs ist und ich nun danach frage, welchen Weg er dann in einer Minute zurücklegt, ist die Antwort relativ einfach: In einer Minute

überwindet der Komet 60 mal 2000 Meter, also 120 000 Meter oder
120 Kilometer. Doch die Wirklichkeit stellt sich komplizierter dar.
Denn die Geschwindigkeit des Kometen ist nicht konstant, sie verändert sich. Am Aphel, also an dem Punkt, an dem er der Sonne am
entferntesten ist, beträgt die Geschwindigkeit des Kometen 800 Meter pro Sekunde, am Perihel aber, wo er der Sonne am nächsten ist,
beträgt sie 50 000 Meter pro Sekunde. Ein erheblicher Unterschied!

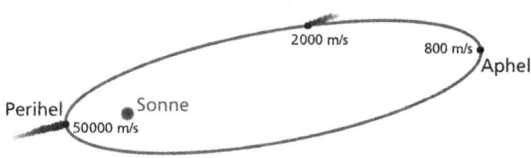

Die Schwierigkeit ergibt sich nun daraus, dass der Komet zwischen
diesen beiden Punkten immer weiter beschleunigt, ohne jemals eine
konstante Geschwindigkeit zu behalten. Mag er auch in einem bestimmten Moment 2000 Meter pro Sekunde schnell sein, dieser
Moment lässt sich nicht festhalten. Einen Sekundenbruchteil davor
war er noch ein klein wenig schneller unterwegs, sagen wir mit
2000,001 Metern pro Sekunde, einen Sekundenbruchteil später beträgt seine Geschwindigkeit 1999,999 Meter pro Sekunde. Es lässt
sich unmöglich auch nur das kleinste Zeitintervall festlegen, in dem
der Komet eine konstante Geschwindigkeit hätte! Wie lässt sich
aber unter diesen Umständen die zurückgelegte Entfernung berechnen?

Um diese Frage zu beantworten, greifen Mathematiker auf eine
Methode zurück, die kurioserweise an jene erinnert, die Archimedes vor zweitausend Jahren anwandte, um die Zahl π zu berechnen.
So wie der Gelehrte aus Syrakus sich dem Kreis durch Vielecke mit
immer mehr Kanten annäherte, kann man sich der Kometenbahn
annähern, indem man annimmt, dass der Komet verschiedene Ge-
schwindigkeitsstufen in immer kleineren Intervallen durchläuft. So
kann man sich etwa vorstellen, dass der Komet kurzzeitig eine Ge-

schwindigkeit von 800 Metern pro Sekunde hält, dann mit einem Ruck auf 900 Meter pro Sekunde beschleunigt, die Geschwindigkeit erneut kurz hält und so fort. Die auf diese Weise berechnete Umlaufbahn ist nicht exakt, sondern muss als Annäherung verstanden werden. Anstatt Etappen von 100 Metern pro Sekunde festzulegen, könnte man auch in Schritten à 10, 1 oder gar 0,1 Meter pro Sekunde vorgehen. Je dünner die Zeitscheiben geschnitten sind, desto mehr nähert sich das Ergebnis der tatsächlichen Flugbahn des Kometen an!

Die Näherungswerte für die zwischen Aphel und Perihel zurückgelegte Strecke bilden eine Zahlenfolge, die in etwa so aussieht:

47 42 40 39 38,6 38,52 38,46 38,453 …

Die Werte sind in astronomischen Einheiten[19] angegeben. Wenn man also annimmt, dass die Geschwindigkeit des Kometen in Etappen von 100 Metern pro Sekunde dieselbe bleibt, dann beträgt die Entfernung zwischen Aphel und Perihel 47 astronomische Einheiten. Das ist aber nicht mehr als eine grobe Schätzung. Wenn man die Etappen auf 10 Meter pro Sekunde verkleinert, beträgt dieselbe Distanz 42 astronomische Einheiten. Je kleiner man die Geschwindigkeiten stückelt, desto klarer stellt sich heraus, dass die Entfernungen sich einem Grenzwert um die 38,45 nähern. Dieser Grenzwert entspricht der tatsächlichen Entfernung, die der Komet zwischen den äußersten Punkten seiner Umlaufbahn zurücklegt.

Man könnte die Aussage riskieren, dass man diesen Grenzwert erhält, wenn man die Umlaufbahn des Kometen in unendlich viele unendlich kleine Intervalle stückelt. Genauso lief Archimedes' Methode zur Berechnung von π darauf hinaus, dass ein Kreis ein Vieleck mit unendlich vielen unendlich kleinen Seiten ist. Der Knack-

---

19 Eine astronomische Einheit entspricht der Entfernung von Erde und Sonne und misst etwa 150 Millionen Kilometer.

punkt an beiden Feststellungen ist das Wort «unendlich». Denn wir wissen seit Zenon, dass wir uns mit dem Konzept des Unendlichen auf unsicheres Terrain begeben, das uns an den Abgrund der Paradoxie führt.

An dieser Stelle bieten sich zwei Möglichkeiten: Entweder man weist jede Einmischung des Unendlichen kategorisch ab und begnügt sich damit, die Probleme der newtonschen Physik mit einer begrenzten Folge von Annäherungen zu untersuchen. Oder aber man nimmt all seinen Mut zusammen und betritt den Sumpf der unendlich kleinen Unterteilungen. Diesen zweiten Weg wählte Newton in seinen *Principia Mathematica*. Ihm folgte kurz darauf der deutsche Mathematiker Gottfried Wilhelm Leibniz, der unabhängig von Newton dieselbe Idee verfolgte und verschiedene bei Newton im Unklaren gebliebene Konzepte schärfer ausarbeitete. Damit stießen die beiden Mathematiker in ein neues Gebiet der Mathematik vor, das den Namen «Infinitesimalrechnung» bekommen sollte.

Lange wurde in den folgenden Jahren diskutiert, wer denn nun der Vater der Infinitesimalrechnung sei. Newton war zwar der Erste, der sich ab 1669 in diese Richtung bewegte, doch er verpasste es, seine Ergebnisse zu veröffentlichen, und so kam ihm Leibniz zuvor, als er 1684, drei Jahre vor den *Principia Mathematica*, seine Arbeiten vorstellte. Die Überschneidung der Daten führte zu einer lebhaften Kontroverse, da sich beide als Erfinder der Theorie betrachteten und sich gar gegenseitig des Plagiats bezichtigten. Aus heutiger Sicht erscheint es jedoch so, dass die Mathematiker die Arbeiten des anderen nicht kannten und die Infinitesimalrechnung jeweils unabhängig voneinander entwickelten.

Wie so oft in den Anfängen einer Theorie war nicht auf Anhieb alles perfekt. Den Arbeiten von Newton und Leibniz gebrach es öfter mal an Genauigkeit, es wurden nicht genügend Nachweise erbracht. Ähnlich wie bei den imaginären Zahlen musste man feststellen, dass manche Methoden funktionierten und manche nicht. Eine richtige Erklärung gab es dafür nicht.

Das Ziel der Infinitesimalrechnung lautete nun, das unbekannte Gebiet zu vermessen und die erlaubten Wege von den Sackgassen und Paradoxa zu unterscheiden. 1748 veröffentlichte die italienische Mathematikerin Maria Gaetana Agnesi die *Instituzioni Analitiche* oder *Einführung in die Analysis*, die einen ersten umfassenden Überblick über die junge Disziplin geben. Ein Jahrhundert später dann lieferte der Deutsche Bernhard Riemann die letzten Arbeiten zur Begehbarmachung des Terrains.

Ab da stürzten sich die Mathematiker endgültig in die Infinitesimalrechnung. Sie begannen eine Vielzahl von Fragen zu stellen, die meilenweit von der ursprünglichen physikalischen Anwendung entfernt waren. Denn die Theorie war nicht nur Werkzeug, sie ließ sich wunderbar zerpflücken und war außerdem noch extrem schön. Und da Mathematik und Naturwissenschaften quasi endlos Pingpong spielen, brachten die neuen Entwicklungen neue Anwendungen hervor, die nicht nur in der Astronomie genutzt werden konnten.

Die Infinitesimalen wurden nun immer dann herangezogen, wenn wie bei der Umlaufbahn des Kometen Größen kontinuierlich variieren. Also etwa in der Meteorologie, um die Entwicklung von Temperatur und Luftdruck abzubilden und vorherzusagen. Oder in der Meeresforschung zum Verfolgen von Meeresströmungen. In der Aerodynamik wird auf diese Weise der Strömungswiderstand eines Flugzeugflügels oder verschiedener Flugkörper überprüft. In der Geologie verfolgt man die Evolution des Erdmantels und beobachtet das Verhalten von Vulkanen, Erdbeben oder auch längerfristig die Kontinentalverschiebung.

Im Laufe ihrer Forschungen machten die Mathematiker in der infinitesimalen Welt eine Vielzahl seltsamer Entdeckungen, die sie zum Teil schwer verblüfften.

Wenn man versucht, ein unendlich kleines Intervall festzulegen, könnte man auf die Idee kommen, einfach Punkte zu verwenden. Schon Euklid stellte ja fest, dass der Punkt das kleinste geometrische Element ist. Mit einer Länge, die 0 entspricht, ist er tatsächlich unendlich klein. Doch leider bringt uns diese so schön einfache Idee kein Stück weiter. Warum? Betrachten wir folgende Strecke mit der Längeneinheit 1.

$$1$$

Die Strecke besteht aus unendlich vielen Punkten, deren Länge jeweils 0 entspricht. Man könnte also sagen, die Länge der Strecke entspricht unendlich mal 0. In der Sprache der Algebra notiert man hierfür: $\infty \times 0 = 1$, wobei ∞ das Zeichen für «unendlich» ist. Das Problem an dieser Überlegung ist aber, dass ein Intervall der Länge 2 eben auch aus unendlich vielen Punkten besteht, woraus sich die Rechnung $\infty \times 0 = 2$ ergibt. Wie kann dieselbe Rechnung zwei verschiedene Ergebnisse haben? Wenn man die Länge des Intervalls variiert, kann also genauso gut herauskommen, dass $\infty \times 0$ gleich 3, 1000 oder auch π ist!

Aus dieser Erfahrung müssen wir eine Schlussfolgerung ziehen: Die in diesem Kontext gebrauchten Konzepte von «null» und «unendlich» sind nicht eindeutig genug definiert, um den erwünschten Zweck zu erfüllen. Ein Term wie $\infty \times 0$, dessen Ergebnis je nach Interpretation verschieden ist, heißt unbestimmter Ausdruck. Ein solcher Term kann in algebraischen Berechnungen nicht verwendet werden, ohne dass sich Widersprüche zuhauf ergeben! Wenn man die Multiplikation $\infty \times 0$ erlaubt, akzeptiert man im selben Schritt die Widersinnigkeit, dass 1 gleich 2 ist. Wir müssen also anders vorgehen.

Zweiter Versuch. Da ein infinitesimales Intervall kein einzelner Punkt sein kann, ließe sich doch ein Abschnitt denken, der von zwei Punkten begrenzt wird, die einander unendlich nah sind. Die

Idee ist verführerisch, doch auch hier gibt es einen Haken, denn solche Punkte gibt es nicht. Die Entfernung zwischen zwei Punkten mag noch so klein sein, sie wird immer eine positive Länge haben. Ein Zentimeter, ein Millimeter, ein milliardstel Millimeter oder noch kleiner – all diese Längen sind keinesfalls infinitesimal. Anders ausgedrückt: Zwei einzelne Punkte werden sich niemals berühren.

In dieser Aussage steckt etwas zutiefst Verwirrendes. Wenn man eine durchgehende Linie zeichnet, etwa eine Strecke, hat diese keine Lücken, und doch berühren sich die sie bildenden Punkte nicht! Kein Punkt der Strecke ist in direktem Kontakt mit einem anderen. Dass es keine Lücken gibt, liegt nur daran, dass es sich um eine unendliche Ansammlung von unendlich kleinen Punkten handelt. Da man die Punkte einer Geraden auch mit ihren Koordinaten angeben kann, lässt sich das Phänomen auf die Begriffe der Algebra übertragen: Zwei Zahlen folgen nie direkt aufeinander, zwischen sie drängen sich stets unendlich viele andere Zahlen. Zwischen 1 und 2 steht 1,5. Zwischen 1 und 1,1 steht 1,05. Zwischen 1 und 1,0001 steht 1,00005. Wir könnten ewig so fortfahren. Die Zahl 1 hat wie alle anderen Zahlen keinen direkten Nachfolger, mit dem sie in Berührung stünde. Und doch versammeln sich die Zahlen unendlich dicht um sie herum und sorgen so für perfekte Kontinuität.

Nach zwei erfolglosen Versuchen müssen wir uns wohl oder übel eingestehen, dass die klassischen Zahlen in ihrer bisherigen Definition nicht geeignet sind, unendlich kleine Mengen zu erzeugen. Eigentlich müssten diese schwer zu fassenden Zahlengeschöpfe, die ungleich null und doch kleiner als alle positiven Zahlen sind, sämtlich neu erfunden werden! Genau das taten Leibniz und die Mathematiker, die sich nach ihm der Infinitesimalrechnung widmeten. Über drei Jahrhunderte lang beschäftigten sie sich damit, Rechenregeln und den Aktionsradius für diese neuen Mengen festzulegen. So entstand zwischen dem 17. und dem 20. Jahrhundert ein ganzes

Arsenal von Lehrsätzen, mit denen man auf die von den Infinitesimalen aufgeworfenen Probleme wirkungsvoll antworten konnte.

Zahlen, die eigentlich keine Zahlen sind, die man aber dennoch
als Zwischenstufen in einer Rechnung verwendet? Allmählich kommt
uns diese Situation bekannt vor. Auch die negativen und die imaginären Zahlen sind diesen Weg gegangen. Doch wie immer ist der
Gewöhnungsprozess sehr lang, und es ist nicht abzusehen, was dabei herauskommt. In den 1960er Jahren stellte der amerikanische
Mathematiker Abraham Robinson ein neues Modell vor, das «Nichtstandardanalysis» getauft wurde und die Infinitesimalen als voll-
wertige Zahlen integrierte. Dennoch haben infinitesimale Mengen
im Gegensatz zu den imaginären Zahlen auch heute, zu Beginn des
21. Jahrhunderts, noch nicht den Status echter Zahlen erlangt. Das
Nichtstandardmodell Robinsons bleibt eine wenig verwendete Rand-
erscheinung.

Vielleicht muss es noch weitere Entdeckungen, Entwicklungen oder
wichtige Theoreme geben, damit sich die Nichtstandardtheorie als
unausweichlich erweist. Vielleicht aber hat sie auch gar nicht das
Potenzial, zu einem herausragenden Modell zu werden, und die Infinitesimalzahlen werden niemals auf einer Stufe mit ihren berühmten Vorgängern, den negativen und imaginären Zahlen, stehen. Die
Nichtstandardanalysis ist zweifellos schön, aber womöglich nicht
schön genug. Vielleicht bringt sie zu wenig Nutzen, um allgemeine
Begeisterung zu wecken. Robinsons sehr junges Modell existiert
erst seit ein paar Jahrzehnten, und es bleibt zukünftigen Mathematikern überlassen, über sein Schicksal zu entscheiden.

Unter den Entwicklungen der Infinitesimalrechnung ist die Anfang
des 20. Jahrhunderts von dem Franzosen Henri-Léon Lebesgue ersonnene Maßtheorie wohl eine der verblüffendsten. Die Fragestel-
lung ist folgende: Lassen sich dank der Infinitesimalzahlen neue
geometrische Figuren denken und messen, die mit Zirkel und Lineal
nicht zu fassen sind? Die Antwort lautet Ja. Die neuen Figuren soll-

ten innerhalb weniger Jahre die grundlegendsten Regeln der klassischen Geometrie durcheinanderbringen.

Nehmen wir beispielsweise folgende, in Abschnitte von 0 bis 10 eingeteilte Strecke.

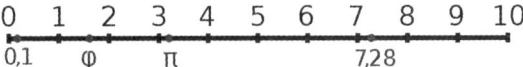

Nach Descartes erlaubt diese Einteilung, jedem Punkt der Strecke eine Zahl zwischen 0 und 10 zuzuordnen. Es lassen sich also Punkte festlegen, die endlichen Dezimalzahlen wie 0,1 oder 7,28 entsprechen, aber auch Zahlen mit unendlich vielen Nachkommastellen wie π oder die Goldene Zahl φ. Was passiert nun, wenn man unsere Strecke nach diesen Kriterien aufteilt? Was wäre, wenn man die Zahlen der ersten Kategorie dunkel färbt und die anderen hell, wie sähen die dabei entstehenden geometrischen Formen aus?

Die Frage lässt sich nicht so einfach beantworten, denn die beiden Punktmengen sind unendlich miteinander verwoben. Wenn man sich ein noch so kleines Zahlenintervall vornimmt, werden darin immer dunkle und helle Punkte enthalten sein. Zwischen zwei hellen Punkten befindet sich immer mindestens ein dunkler Punkt, und zwischen zwei dunklen Punkten ist immer mindestens ein heller. Diese Muster erinnern an unendlich feine Staubspuren, die sich perfekt ineinanderfügen.

Die Strecke [0, 10] ist hier zweigeteilt: links Zahlen mit endlich vielen Dezimalstellen, rechts Zahlen mit unendlich vielen Dezimalstellen.

Die Darstellung ist natürlich irreführend. Es kann sich nur um eine grobe Veranschaulichung handeln. Die sichtbaren Details sind sehr klein gezeichnet, können aber nicht wirklich infinitesimal sein. Eine konkrete Darstellung dieser Zahlenmengen ist unmöglich, sie können nur durch Algebra und Logik erschlossen werden.

Und nun die Frage: Welches Maß haben die Zahlenmengen? Die Ausgangsstrecke hatte die Länge 10. Die beiden Figuren müssten also zusammen dieselbe Länge haben, doch wie sieht die Aufteilung aus? Haben beide die Länge 5, oder ist eine länger als die andere? Die über diesem Problem brütenden Mathematiker fanden eine erstaunliche Antwort. Denn die gesamte Länge wird von der Abbildung der Zahlen mit unendlichen Nachkommastellen in Beschlag genommen. Die helle Darstellung misst 10, die dunkle Darstellung 0. Obwohl beide Mengen in ihrer Verflechtung gleich groß erscheinen, gibt es unendlich mehr helle Punkte als dunkle Punkte!

Mit den kartesischen Koordinaten lassen sich die Punktmengen als Flächen und Rauminhalte darstellen. So kann man beispielsweise alle Punkte eines Quadrats sichtbar machen, dessen Koordinaten unendliche Dezimalzahlen sind.

Wieder handelt es sich um eine grobe Wiedergabe, die nur eine vage Vorstellung von den unendlich kleinen Details geben kann.

Die Analyse von Punktmengen führte zu einer ganz erstaunlichen Erkenntnis. Denn trotz aller Bemühungen der beteiligten Mathematiker verweigerten sich einige Figuren der Vermessung. Diese Unmöglichkeit wurde 1924 von Stefan Banach und Alfred Tarski belegt, als die beiden ein Modell nach dem Prinzip eines Puzzles vorstellten.

Die beiden Wissenschaftler entdeckten eine Möglichkeit, eine Kugel in fünf Teile zu zerlegen, wobei die wieder zusammengefügten Teile zwei lückenlose Kugeln ergaben, die mit der Ausgangskugel perfekt identisch waren!

Bei den fünf Zwischengebilden handelt es sich um genau die dreidimensionalen Punktmengen der infinitesimalen Aufteilung. Wenn die Puzzleteile von Banach und Tarski messbar wären, würde die Summe ihrer Volumen dem Volumen der Ausgangskugel und dem Volumen der beiden neu gebildeten Kugeln entsprechen. Das ist aber unmöglich, und es drängt sich nur eine Schlussfolgerung auf: Das Konzept Volumen ergibt bei diesen erdachten Figuren keinen Sinn.

Tatsächlich ist das Ergebnis von Banach und Tarski noch umfassender, denn es legt fest: Wenn man zwei klassische geometrische Figuren im dreidimensionalen Raum annimmt, lässt sich die eine stets in eine bestimmte Anzahl Teilchen zerlegen, aus denen man die zweite Figur herstellen kann. So ließe sich etwa eine Kugel in der Größe einer Erbse in mehrere Teile zerschneiden und aus diesen Stücken eine lückenlose Kugel in der Größe der Sonne herstellen! Dieses Phänomen wird fälschlicherweise als das Banach-Tarski-Paradoxon bezeichnet, da es unserer intuitiven räumlichen Vorstellung entgegensteht. Doch es handelt sich eigentlich nicht um ein Paradoxon, sondern um ein Theorem, das aus Punktmengen erschlossen wurde und keine logischen Widersprüche enthält.

Natürlich macht es der infinitesimale Charakter dieser Zerlegungen unmöglich, sie konkret darzustellen. Die Punktmengenfiguren bleiben derzeit also noch im Kuriositätenkabinett der Mathematik. Aber wer weiß, ob sie nicht eines Tages unerwartet konkrete Anwendung finden?

15

Die Zukunft messen

Marseille, 8. Juni 2012

Heute Morgen bin ich in aller Frühe aufgestanden. Ziemlich nervös, vor allem aber voller Ungeduld habe ich mein Frühstück verdrückt und mein bestes Hemd[20] angezogen. Schon geht es los. Draußen steht die Sonne am Himmel der Provence und die Kühle der Nacht verzieht sich. Der Tag wird sicher heiß. Am Hafen wird der Fischmarkt aufgebaut und die ersten Frühaufsteher-Touristen bummeln schon über die Canebière.

Ich aber habe keine Zeit zu flanieren. Ich laufe zur U-Bahn und mache mich auf nach Château-Gombert, einem Stadtviertel im Norden von Marseille. Dort steht das CMI, das *Centre de Mathématique et d'Information*, in dem ich nun seit vier Jahren arbeite. An normalen Tagen sind hier etwa einhundert Mathematiker tätig. In meinem Büro angekommen, gehe ich noch einmal meine Utensilien durch. Drei große halbkugelförmige Behälter voller bunter Kugeln, daneben ein Stapel fotokopierter Blätter, auf deren Deckblatt zu lesen ist:

> Interagierende Urnen
> DISSERTATION
> zur Erlangung des Doktorgrades
> im Fach Mathematik
> vorgelegt von Mickaël Launay
> betreut von Vlada Limic

20 Erlich gesagt: mein einziges.

Heute ist mein letzter Tag am CMI. Heute Nachmittag um 14 Uhr werde ich meine Doktorarbeit verteidigen.

Im Leben eines Wissenschaftlers fallen die Jahre als Doktorand irgendwie aus dem Rahmen. Auf dem Papier ist man noch Student, doch man besucht keine Seminare mehr und hat auch keine Hausarbeiten oder Prüfungen mehr zu absolvieren. Der Alltag eines Doktoranden ähnelt eher dem eines Vollzeitforschers. Man liest die neuesten Artikel zum Thema, bespricht sich mit Leuten vom Fach, nimmt an Tagungen teil und bemüht sich, sein Thema voranzubringen, indem man Hypothesen aufstellt, neue Theoreme entwickelt und diese überprüft und in Form bringt. Das alles geschieht unter der Leitung eines gestandenen Meisters, der beauftragt ist, unsere ersten Schritte auf dem Gebiet der Wissenschaft und Forschung zu lenken und uns die Feinheiten des Metiers beizubringen. Meine Doktormutter ist die frankokroatische Mathematikerin Vlada Limic, eine Spezialistin auf dem Gebiet, in dem ich über vier Jahre Forschungen betrieben habe. Ihre und meine Arbeiten gehören zu einem Zweig der Mathematik, der im 17. Jahrhundert entstanden ist: zur Wahrscheinlichkeitsrechnung.

Um zu verstehen, worum es in diesem Teilbereich der Mathematik geht, müssen wir uns erneut in die Tiefen der Geschichte begeben. Während ich darauf warte, dass es 14 Uhr wird, verlassen wir also noch einmal das CMI und folgen den abenteuerlichen Wegen des Zufalls.

Der Zufall hat schon immer fasziniert. Seit der Vorgeschichte beschäftigt die Menschen eine Vielzahl unerklärlicher Phänomene, die scheinbar regel- und grundlos in der Natur auftauchen. Zuerst gab man, auch weil man es nicht besser wusste, den Göttern die Schuld. Sonnenfinsternis, Regenbogen, Erdbeben, Seuchen, Überschwemmungen und Kometen waren allesamt göttliche Botschaften. Die Deutung dieser Botschaften fiel Sehern, Orakeln, Priestern und Schamanen zu, die alle möglichen Rituale erfanden, mit denen sie die Götter befragen konnten, ohne darauf warten zu müssen, dass die da oben sich von selbst meldeten. Mit anderen Worten: Die Menschheit dachte sich Mittel aus, um Zufälliges auf Nachfrage zu liefern.

Die Belomantie oder die Kunst der Weissagung durch Pfeile gehört zu den frühesten Zeugnissen dieses Bestrebens. Dazu schrieb man einzelne Multiple-Choice-Antworten zu einer den Göttern gestellten Frage auf Pfeile, steckte diese zurück in den Köcher, schüttelte ihn gut durch, zog dann einen Pfeil heraus und hatte die passende Antwort. Auf diese Weise entschied etwa der König von Babylon Nebudkadnezar II. im 6. Jahrhundert v. Chr., welchen Feinden er den Krieg erklären sollte. Man konnte aber nicht nur Pfeile ziehen, sondern auch Steine, kleine Tafeln, Stäbe oder bunte Kugeln. Die Römer gaben diesen Gegenständen den Namen «Sors», was so viel heißt wie Schicksal, Geschick, Bestimmung oder Los. Dahinter stand die Vorstellung, dass der Seher durch das «Losziehen» die Götter befragt und verkündet, was diese für den Menschen bestimmt haben.

Schließlich entstanden immer neue Ziehmethoden, die zahlreiche Anwendungen fanden. Auch Regierungen nutzten dieses Vorgehen, indem beispielsweise die fünfhundert Bürger für die Ratsversammlungen Athens oder Jahrhunderte später die Wahlmänner für die Dogenwahl in Venedig per Los bestimmt wurden. Der Zufall war außerdem eine Inspirationsquelle für Spieleerfinder. So entstanden «Kopf oder Zahl», nummerierte Würfel nach dem Vorbild der platonischen Körper und vor allem auch Kartenspiele.

Und über den Weg des Glücksspiels zogen die Entscheidungen der Götter schließlich auch die Aufmerksamkeit von Mathematikern auf sich. Letztere hatten nämlich die verrückte Idee, das Schicksal zu vermessen, indem sie die Eigenschaften des Kommenden anhand von Berechnungen analysierten.

Alles begann Mitte des 17. Jahrhunderts bei einem Treffen der Pariser Akademie, dem Vorgänger der französischen Akademie der Wissenschaften. Sie wurde 1635 von dem Mathematiker und Philosophen Marin Mersenne gegründet. Im Laufe eines Gesprächs unter Gelehrten aus verschiedenen Bereichen legte der Schriftsteller und Mathematikfan Antoine Gombaud der Versammlung ein Problem dar, das ihn beschäftigte. Man stelle sich vor, erläuterte er, dass zwei Spieler auf den Ausgang eines Glücksspiel mit drei Runden setzen, wobei die Partie aber beendet ist, sobald der erste Spieler zweimal gewonnen hat. Wie müssen die beiden Spieler den Gewinn aufteilen, wenn die Partie nach der ersten Runde unterbrochen wird?

Besonders zwei der damals anwesenden Wissenschaftler zeigten Interesse an der Problemstellung, nämlich die Franzosen Pierre de Fermat und Blaise Pascal. Nach kurzem Hin und Her entschieden beide, dass drei Viertel des Einsatzes an den Sieger der ersten Runde gehen müssten und ein Viertel an den Verlierer.

Um zu dieser Antwort zu gelangen, listeten die beiden Mathematiker sämtliche Szenarien auf, welche die Partie nehmen könnte, und ordneten den Ausgängen Wahrscheinlichkeiten zu. In der zweiten Runde hätte der Gewinner der ersten Runde eine 50 %-Chance, das Spiel zu gewinnen, der Verlierer aber eine 50 %-Chance, Gleichstand zu erreichen. In letzterem Fall würde noch eine Runde gespielt, in der die beiden Spieler wiederum gleiche Siegchancen hätten. Daraus ergeben sich zwei Szenarien mit jeweils 25 %-Chance auf einen Sieg. Unten stehender Graph verdeutlicht die verschiedenen Ausgänge der Partie:

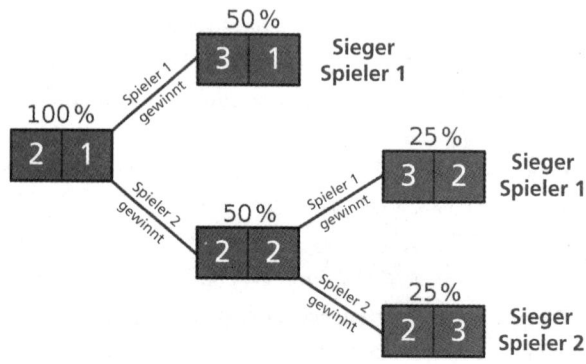

Damit hat der Sieger der ersten Runde eine 75 %-Chance auf den Sieg der Partie, der Verlierer aber nur noch eine 25 %-Chance. Die Lösung von Pascal und Fermat verteilt den Einsatz entsprechend anteilig: Der Sieger der ersten Runde muss 75 Prozent des Einsatzes erhalten, der Verlierer 25 Prozent.

Die Argumentation der beiden französischen Gelehrten erwies sich als äußerst ergiebig, denn die meisten Glücksspiele können auf diese Art untersucht werden. Der Schweizer Mathematiker Jakob Bernoulli war einer der Ersten, der die Überlegungen fortführte und Ende des 17. Jahrhunderts ein Werk namens *Ars Conjectandi* oder *Die Wahrscheinlichkeitsrechnung* verfasste, das aber erst 1713 nach seinem Tod veröffentlicht wurde. In diesem Buch nimmt er die Analyse von klassischen Glücksspielen wieder auf und formuliert erstmals ein grundlegendes Prinzip der Wahrscheinlichkeitsrechnung, nämlich das Gesetz der großen Zahlen.

Diese Regel besagt: Je öfter man ein Zufallsexperiment wiederholt, desto eher lässt sich ein Mittelwert der Ergebnisse vorhersehen, denn dieser nähert sich einem Grenzwert an. So endet also auch der größte Zufall auf lange Sicht damit, dass Muster entstehen, die nichts Zufälliges mehr haben.

Um dieses Phänomen zu verstehen, müssen wir nicht weit ausholen. Es genügt, sich ein Münzwurfspiel näher anzusehen, um das Gesetz der großen Zahlen darin zu erkennen. Wenn man eine austarierte Münze wirft, hat jede Seite eine 50 %-Chance, oben zu landen. Dies lässt sich durch folgendes Histogramm darstellen:

KOPF   ZAHL

Wenn wir die Münze zweimal werfen und anschließend die Kombinationen zählen, gibt es drei Möglichkeiten, zweimal Kopf, zweimal Zahl oder einmal Kopf und einmal Zahl. Man ist versucht, diesen drei Ereignissen dieselben Wahrscheinlichkeiten zuzuordnen, aber das ist nicht der Fall. Tatsächlich bekommt man zu 50 Prozent Kopf und Zahl und jeweils nur zu 25 Prozent zweimal Kopf oder zweimal Zahl.

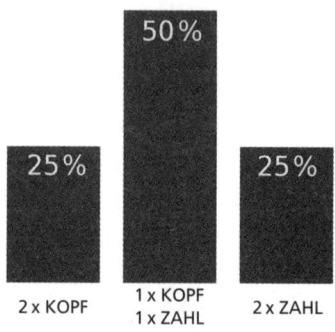

Dieses Ungleichgewicht ist dadurch bedingt, dass zwei unterschiedliche Würfe zum selben Ereignis führen. Denn wenn man die Münze zweimal wirft, gibt es eigentlich vier mögliche Ausgänge: Kopf-Kopf, Kopf-Zahl, Zahl-Kopf und Zahl-Zahl. Die Ausgänge Kopf-Zahl und Zahl-Kopf stehen für dasselbe Ereignis, nämlich «einmal Kopf und einmal Zahl». Genauso wissen Spieler, dass beim Werfen von zwei Würfeln die Summe der Augen eher bei 7 als bei 12 liegen wird, denn es gibt mehrere Möglichkeiten, eine 7 zu erlangen (1+6; 2+5; 3+4; 4+3; 5+2 und 6+1) und nur eine Möglichkeit, eine 12 zu bekommen (6+6).

Je höher die Anzahl der Würfe, desto deutlicher tritt das Phänomen hervor. Ereignisse, die vom Mittel abweichen, treten im Vergleich zum mittleren Ereignis immer weniger häufig auf. Wenn man ein Geldstück zehnmal nacheinander wirft, besteht eine 66 %-Chance, dass man zwischen vier- und sechsmal Kopf bekommt. Wenn man dasselbe Geldstück einhundertmal wirft, liegt die Wahrscheinlichkeit, 40–60-mal Kopf zu bekommen, bei 96 Prozent. Und wenn man sie tausendmal wirft, hat man eine Wahrscheinlichkeit von 99,99999998 Prozent, dass 400–600-mal Kopf dabei herauskommt.

Wenn man nun Histogramme zeichnet, die 10, 100 und 1000 Würfe aufzeichnen, lässt sich leicht feststellen, wie sich die große Mehrheit der möglichen Ausgänge um eine zentrale Achse sammelt, während die Säulen der «Ausrutscher» verschwindend klein werden.

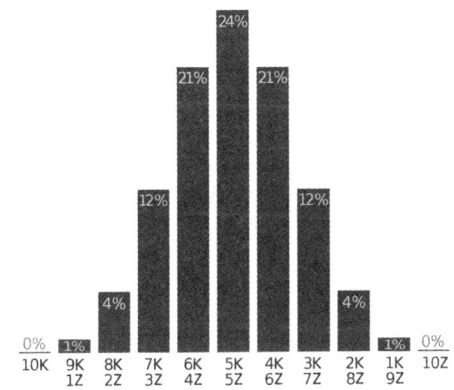

Wahrscheinlichkeiten für die möglichen Ausgänge beim
10-maligen Werfen einer Münze

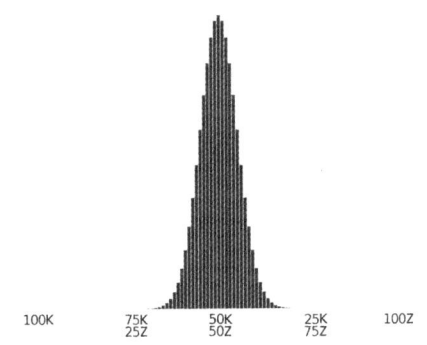

Wahrscheinlichkeiten für die möglichen Ausgänge beim
100-maligen Werfen einer Münze

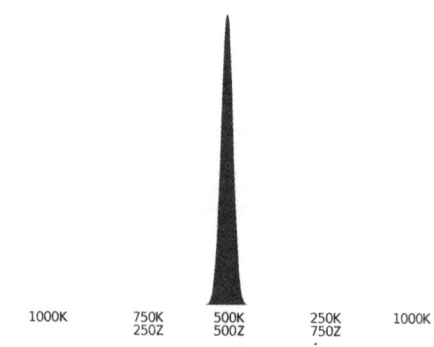

| 1000K | 750K 250Z | 500K 500Z | 250K 750Z | 1000K |

Wahrscheinlichkeiten für die möglichen Ausgänge beim
1000-maligen Werfen einer Münze

Das Gesetz der großen Zahlen besagt also Folgendes: Wenn man ein Zufallsexperiment beliebig wiederholt, nähert sich das Mittel der Ergebnisse einem vorhersehbaren, nicht mehr zufälligen Grenzwert an.

Das Prinzip liegt Umfragen und Statistiken zugrunde. Angenommen, man befragt 1000 Personen aus der Bevölkerung, ob sie lieber dunkle oder helle Schokolade mögen. Wenn nun 600 antworten, sie essen lieber dunkle, und 400, sie haben eine Vorliebe für helle, dann lässt sich annehmen, dass auch in der Gesamtbevölkerung, selbst wenn diese aus Millionen Einzelpersonen besteht, eine ähnliche Verteilung vorzufinden ist und 60 Prozent der Menschen dunkle und 40 Prozent helle Schokolade bevorzugen. Denn eine willkürlich ausgewählte Person nach ihren Vorlieben zu befragen kann genauso als Zufallsexperiment betrachtet werden wie das Werfen einer Münze. Die Möglichkeiten heißen dann eben nicht Kopf oder Zahl, sondern Vollmilch oder Zartbitter.

Natürlich kann man auch Pech haben und auf 1000 Personen stoßen, die allesamt nur dunkle Schokolade mögen, oder auch auf 1000 Personen, die nur helle Schokolade mögen. Aber extreme Ereignisse wie diese treten mit verschwindend kleiner Wahrscheinlichkeit auf, und das Gesetz der großen Zahlen versichert uns, dass die Befragung einer ausreichend großen Stichprobengruppe ein mittleres Ergebnis liefert, das mit großer Wahrscheinlichkeit dem Mittel der Gesamtbevölkerung entspricht.

Die Analyse der verschiedenen Ereignisse und der Wahrscheinlichkeiten, mit denen diese auftreten, kann man noch weitertreiben, indem man ein Vertrauensintervall festlegt und das Fehlerrisiko berechnet. So könnte man beispielsweise sagen, dass es eine Wahrscheinlichkeit von 95 Prozent gibt, dass der Anteil der Bevölkerung mit einer Vorliebe für dunkle Schokolade zwischen 57 Prozent und 63 Prozent liegt. Eine seriöse Umfrage müsste diese Zahlen eigentlich immer mitliefern, um zu klären, wie genau und vertrauenswürdig sie ist.

Das Pascal'sche Dreieck

Im Jahre 1654 veröffentlichte Blaise Pascal eine Schrift mit dem Titel *Traité du triangle arithmétique* oder *Abhandlung über das arithmetische Dreieck.* Darin beschrieb er ein Zahlenmuster in Form eines Dreiecks.

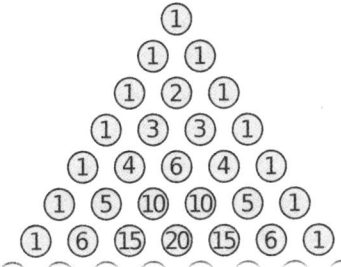

Hier sind nur die ersten sieben Reihen des Dreiecks abgebildet, das sich aber unendlich fortsetzen ließe. Die in den runden Feldern angegebenen Zahlen folgen zwei Regeln: 1. Die Felder am Rand enthalten nur Einsen. 2. Die Felder im Innern enthalten jeweils die Summe der beiden Zahlen über ihnen. Die Zahl Sechs in der fünften Reihe etwa ergibt sich aus der Addition der beiden Dreien links und rechts darüber.

Tatsächlich war die Figur schon bekannt, bevor Pascal sich mit ihr beschäftigte. Die persischen Mathematiker al-Karadschi und Omar Chayyam brachten das Dreieck schon im 11. Jahrhundert auf. Zur gleichen Zeit wurde es in China von Jia Xian behandelt, dessen Arbeiten im 13. Jahrhundert von Yang Hui fortgesetzt wurden. In Europa kannten Tartaglia und Viète das Konzept. Und doch war es Blaise Pascal, der ihm als Erster eine so detaillierte und umfassende Abhandlung widmete. Zudem entdeckte er einen engen Zusammenhang mit der Wahrscheinlichkeitsrechnung.

Jede Reihe des Pascal'schen Dreiecks ermöglicht nämlich, die Zahl der möglichen Ergebnisse von Zufallsexperimenten mit zwei Ausgängen wie Kopf oder Zahl anzugeben. Wenn man eine Münze dreimal hintereinander wirft, sind acht Ausgänge denkbar: Kopf-Kopf-Kopf, Kopf-Kopf-Zahl, Kopf-Zahl-Kopf, Kopf-Zahl-Zahl, Zahl-Kopf-Kopf, Zahl-Kopf-Zahl, Zahl-Zahl-Kopf und Zahl-Zahl-Zahl. Wenn man die Ergebnisse ordnet, kommt man auf Folgendes:

- 1 Ausgang mit dreimal Kopf
- 3 Ausgänge mit zweimal Kopf und einmal Zahl
- 3 Ausgänge mit einmal Kopf und zweimal Zahl
- 1 Ausgang mit dreimal Zahl

Genau diese Zahlenfolge 1-3-3-1 findet man in der vierten Reihe des Dreiecks. Pascal gelang nun der Beweis, dass dies kein Zufall ist.

Wenn man sich die sechste Reihe des Dreiecks anschaut, sieht man beispielsweise, dass bei einem fünfmaligen Münzwurf 10 Ausgänge mit zweimal Kopf und dreimal Zahl möglich sind. Geht man noch weiter nach unten, lässt sich auch die Anzahl der Möglichkeiten bei einem zehnmaligen Münzwurf ablesen: Sie stehen in der 11. Reihe. Die Anzahl der Möglichkeiten bei einhundert Würfen findet man in der 101. Reihe und so weiter. Es ist dem Pascal'schen Dreieck zu verdanken, dass die weiter oben dargestellten Histogramme so einfach zu zeichnen waren. Denn die Anzahl der Möglichkeiten wird ungemein groß, und sehr rasch lassen sie sich nicht mehr einzeln auflisten.

Doch neben der Wahrscheinlichkeitsrechnung hat das Pascal'sche Dreieck auch Bezug zu anderen Bereichen der Mathematik. Von großem Nutzen ist die Zahlenanordnung etwa bei algebraischen Manipulationen zum Lösen bestimmter Gleichungen. Außerdem lassen sich in der Figur mehrere gut bekannte Zahlenfolgen wiederfinden. In einer Diagonalen stecken die Dreieckszahlen (1, 3, 6, 10 …), und als Summe der diagonalen Parallelen ergeben sich die Fibonacci-Zahlen (1, 1, 2, 3, 5, 8 …).

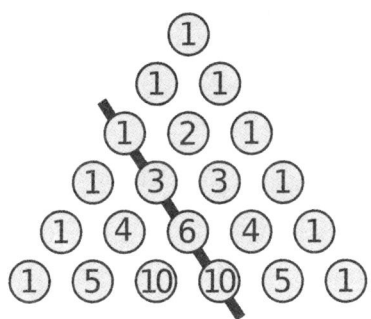

Die Dreieckszahlen im Pascal'schen Dreieck

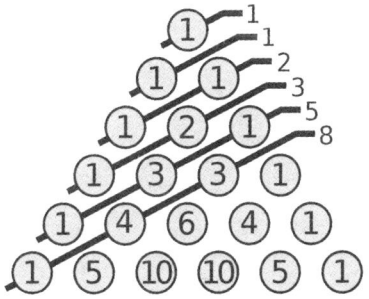

Die Fibonacci-Reihe im Pascal'schen Dreieck

In den folgenden Jahrhunderten entwickelte die Wahrscheinlichkeitsrechnung noch feinere und wirkungsvollere Werkzeuge, um die Gesamtheit aller Möglichkeiten zu analysieren. Bald ergab sich eine enge und ergiebige Zusammenarbeit mit der Infinitesimalrechnung. Denn tatsächlich ist es so, dass zahlreiche Zufallsereignisse Möglichkeiten hervorbringen, die unendlich kleinen Abweichungen unterworfen sein können. In einem meteorologischen Modell beispielsweise schwankt die Temperatur fortwährend. Genau wie eine Strecke eine bestimmte Länge hat, die sie bildenden Punkte jedoch nicht, kommen bestimmte Ereignisse sehr wohl vor, ein einzelnes Element aus der Ergebnismenge aber tritt mit einer Wahrscheinlichkeit gleich null auf. So ist es äußerst unwahrscheinlich, dass im Laufe einer Woche eine Temperatur von 23,41 Grad auftreten wird. Die Wahrscheinlichkeit, dass die Temperatur zwischen 0 und 40 Grad betragen wird, ist dagegen erheblich!

Ein weiteres Thema der Wahrscheinlichkeitsforschung ist die Analyse von zufälligen Systemen, die sich aus sich heraus verändern. Ein Geldstück bleibt dasselbe, ob man es nun einmal oder tausendmal wirft, reale Situationen aber sind oftmals komplizierter. 1930 veröffentlichte der ungarische Mathematiker George Pólya einen Artikel, in dem er die Verbreitung einer Epidemie innerhalb einer Bevölkerung zu verstehen versucht. Das Problem ist so verwickelt, da die Krankheit sich immer schneller ausbreitet, je mehr Personen sich bereits angesteckt haben.

Wenn in der Umgebung viele Menschen erkrankt sind, wird man selbst mit höherer Wahrscheinlichkeit ebenfalls erkranken. Und wenn man selbst dann auch erkrankt ist, erhöht man das Ansteckungsrisiko für seine Umgebung. Die Ausbreitung entwickelt also eine Eigendynamik, und die Wahrscheinlichkeit der Ansteckung verändert sich fortwährend. Man spricht von einem selbstverstärkenden Prozess.

Für selbstverstärkende Zufallsprozesse wurden in der Folge verschiedene Varianten und zahlreiche Anwendungen entwickelt. Eine besonders gewinnbringende Anwendung ist die Analyse von Bevöl kerungsentwicklungen. Angenommen, man möchte die Evolution bestimmter biologischer oder genetischer Eigenschaften innerhalb einer Tierpopulation verfolgen. So könnte man sich beispielsweise vorstellen, dass 60 Prozent der Individuen schwarze Augen haben und 40 Prozent blaue. Für die hinzukommenden neugeborenen Individuen ergibt sich demnach eine Wahrscheinlichkeit von 60 Prozent, schwarze Augen zu bekommen, und eine Wahrscheinlichkeit von 40 Prozent, blaue Augen zu bekommen. Die Evolution der Augenfarbe innerhalb der Population zeigt also eine ähnliche Dynamik wie die Verbreitung einer Epidemie. Je öfter eine bestimmte Augenfarbe vorkommt, desto größer wird die Wahrscheinlichkeit, dass sie erneut auftaucht und ihr Anteil innerhalb der Population wächst. Der Prozess ist selbstverstärkend.

Anhand von Pólyas Modell lässt sich bewerten, welche Wahrscheinlichkeiten für die Evolution bestimmter biologischer Merkmale von Arten gelten. Manche gehen unter, andere dagegen drängen sich der gesamten Population auf, und wieder andere richten sich in einem zwischenzeitlichen Gleichgewicht ein und erleben im Laufe der Generationen nur leichte Variationen. Man kann nicht im Voraus wissen, welches Szenario sich abspielen wird, doch wie beim Münzwurf lässt sich ein Erwartungswert festlegen und die langfristig wahrscheinlichste Entwicklung vorhersehen.

Als George Pólya 1985 starb, war ich knapp ein Jahr alt. Obwohl sich unsere Lebenszeit also nur einige Monate überschnitt, darf ich mich trotzdem einen Zeitgenossen des Mathematikers nennen, der die Theorie entwickelte, zu der auch ich geforscht habe und zu der ich einige Regeln beitragen konnte.

Ohne weiter ins Detail zu gehen: Meine Forschungen widmen sich dem Verlauf von selbstverstärkenden Zufallsprozessen, die zeitweise interagieren. Man stelle sich etwa mehrere Herden einer selben Tierart vor, die getrennt voneinander auf demselben Gebiet leben, gelegentlich aber die Abwanderung mehrerer Individuen von einer Gruppe in die andere erlauben. Welche Entwicklungen sind hier möglich, und wie lassen sich deren Wahrscheinlichkeiten berechnen? Auf diese Fragen können meine Forschungen teilweise Antworten geben.

Natürlich sind meine Erkenntnisse bescheiden, und es ist ziemlich gewagt, sie in meiner Geschichte der Mathematik zwischen all den großen Namen zu nennen. Ich habe mich in diesen vier Jahren als Doktorand redlich bemüht, doch bleiben meine Entdeckungen von absolut geringer Bedeutung, verglichen mit den Ideen von so vielen anderen, genialeren Mathematikern. Dennoch, meine Ergebnisse waren ausreichend interessant, um die Jury, der ich sie an diesem 8. Juni 2012 über eine Stunde erläuterte, davon zu überzeugen, mir den Doktortitel zu verleihen.

Es ist ganz schön bewegend, durch diese Zeremonie Teil einer bedeutenden Tradition zu werden. Das Wort «Doktor» stammt vom lateinischen *docere*, das heißt «lehren», ab. Ein Doktor beherrscht sein Fachgebiet so gut, dass er es andere lehren kann. Seit dem ausgehenden Mittelalter verleihen Universitäten als moderne Erben des Musentempels von Alexandria oder des Hauses der Weisheit in Badgad die Doktorwürde und geben damit Forschung und Lehre einen stabilen und fortdauernden institutionellen Rahmen.

Die Wissenschaften haben so eine Entwicklung eingeleitet, bei der Forscher, Lehrende und Lernende in einem permanenten Generationenwechsel aufeinanderfolgen. Durch diese strenge Ordnung lässt sich die «akademische Abstammung» eines Wissenschaftlers zurückverfolgen. Die Betreuerin meiner Doktorarbeit ist die Mathematikerin Vlada Limic, sie selbst hatte wiederum vor einigen Jahren den britischen Wahrscheinlichkeitstheoretiker David Aldous zum Doktorvater. Und so kann man weiter zurückgehen, immer vom Schüler zum Meister, bis die komplette «Genealogie» eines Mathematikers offenliegt. Rechts ist meine Linie dargestellt, die über gut zwanzig Generationen bis ins 16. Jahrhundert zurückreicht!

Mickaël Launay
Vlada Limic
David J. Aldous
David J. H. Garling
Franck Smithies
Godfrey H. Hardy
Edmund T. Whittaker — Augustus E. H. Love
Andrew R. Forsyth — George H. Darwin
Arthur Cayley — Edward J. Routh
William Hopkins — Isaac Todhunter
Adam Sedgwick
Thomas Jones — John Dawson
John Cranke — Thomas Postlethwaite — Edward Waring — Henry Bracken
Stephen Whisson
Walter Taylor
Robert Smith
Roger Cote
Isaac Newton
Isaac Barrow — Benjamin Pulleyn
Gilles P. de Roberval — Vincenzo Viviani
Marin Mersenne — Evangelista Toricelli
Benedeto Castelli
Galileo Galilei
Ostilio Ricci
Niccolò F. Tartaglia

Mein entferntester Vorfahr ist also der Mathematiker Niccolò Tartaglia, dem wir ja schon begegnet sind. Weiter zurück können wir nicht gehen, denn der italienische Gelehrte war Autodidakt. Es heißt, der aus einer armen Familie stammende Junge habe die Bücher, mit denen er Mathematik lernte, aus der Schule entwendet.

In dem Abstammungsbaum stoßen wir auch auf Galilei und Newton, die wir nicht weiter vorstellen müssen. Auf einem Zweig entdeckt man Marin Mersenne, den Begründer der Pariser Akademie, in der die Wahrscheinlichkeitstheorie entstand. Sein Schüler Gilles Personne de Roberval ist der Erfinder der Tafelwaage. Ein Stückchen weiter hinten finden wir Georges Darwin, den Sohn von Charles Darwin, dem Begründer der Evolutionstheorie.

Es hat nichts Außergewöhnliches, in einer solchen Linie Berühmtheiten zu entdecken – die meisten Mathematiker, deren Genealogie weit genug zurückreicht, stoßen irgendwann auf große Namen. Zudem muss man berücksichtigen, dass die Darstellung nur meine direkten Vorfahren auflistet, meine zahlreichen Vettern und Cousinen aber vergisst. Tartaglia verfügt inzwischen über mehr als dreizehntausend Nachkommen, deren Zahl jährlich steigt.

16

Die Ankunft der Maschinen

Die Metrostation *Arts et Metiers* ist einer der bemerkenswertesten U-Bahnhöfe in Paris. Wenn man zum Gleis hinabsteigt, findet man sich mit einem Mal im Kupferbauch eines riesigen U-Boots wieder. Aus der Decke ragen große, braunrote Räderwerke, an den Seiten reihen sich ein Dutzend Bullaugen. Wenn man hindurchschaut, entdeckt man kleine Szenen mit ungewöhnlichen Erfindungen vergangener Tage. Elliptische Getriebe, scheibenförmige Astrolabien oder hydraulische Räder präsentieren sich neben einem Luftschiff oder einem Konverter zur Stahlherstellung. Ohne den steten Strom der gehetzten Pendler, der sich ohne Pause durch die unterirdischen Gänge schiebt, würde man sich kaum wundern, wenn im nächsten Augenblick Kapitän Nemo auftauchte, geradewegs dem Roman von Jules Verne entstiegen.

Die Ausschmückung der Metro ist aber nur ein Vorgeschmack auf das, was uns oben erwartet. Ich bin auf dem Weg zum *Conservatoire national des arts et métiers*, kurz CNAM, dessen Museum eine absolut beeindruckende Sammlung alter Maschinen aller Art beherbergt. Von den ersten Automobilen und Wählscheibentelegrafen über Kolbenmanometer und Automatenuhren zu Voltasäulen, Lochkartenwebstühlen, Spindeldruckpressen und Quecksilberbarometern – die aus der Vergangenheit geretteten Erfindungen ziehen mich in einen Strudel aus 400 Jahren Technikgeschichte. Mitten im großen Treppenhaus hängt ein Flugzeug aus dem 19. Jahrhundert, das aussieht wie eine Riesenfledermaus. Eine Ecke weiter begegnet mir Lama, der erste von russischen Forschern entwickelte Roboter, der die Marsoberfläche erkunden sollte.

Ich eile an sämtlichen fantastischen Apparaten vorbei und gehe hinauf in die erste Etage. Denn dort befindet sich die Sammlung wissenschaftlicher Instrumente. Man sieht Teleskope, Wasseruhren, Kompasse, Waagen, riesige Thermometer und überwältigende astronomische Globen, die sich auf ihren Achsen drehen! Und dann entdecke ich sie, hinten in einer Vitrine. Ihretwegen bin ich hier: die Pascaline. Die erstaunliche Maschine hat die Form einer Messingkiste von 40 Zentimeter Länge und 20 Zentimeter Breite. Oben auf der Kiste sind sechs nummerierte Rädchen befestigt. Der Mechanismus wurde 1642 von Blaise Pascal erfunden, der damals gerade einmal neunzehn Jahre alt war. Ich stehe vor der ersten Rechenmaschine der Geschichte.

Wirklich die erste? Um ehrlich zu sein, gab es lange vor dem 17. Jahrhundert die verschiedensten Mittel, um Rechnungen auszuführen. Auf eine gewisse Art waren unsere Finger die erste Rechenhilfe aller Zeiten, und der Homo sapiens hat sich zum Zählen schon früh unterschiedlicher Gegenstände bedient. Der Ishango-Knochen mit seinen Einkerbungen, die Tontafeln aus Uruk, die Rechenstäbe der alten Chinesen oder auch der in der Antike beliebte Abakus – all diese Gegenstände dienten als Zähl- oder Rechenhilfe.

Doch keines dieser Dinge fällt unter die allgemeine Definition für Rechenmaschinen.

Um das zu verstehen, schauen wir uns kurz noch einmal an, wie ein klassischer Abakus funktioniert. Er besteht aus einem Rahmen mit mehreren Stäben, auf die Perlen aufgereiht sind. Der erste Stab von rechts entspricht der Einerstelle, der zweite der Zehnerstelle, der dritte der Hunderterstelle und so weiter. Wenn man also die Zahl 23 darstellen möchte, verschiebt man zwei Perlen auf dem Zehnerstab und drei auf dem Einerstab. Wenn man nun 45 hinzufügt, verschiebt man noch vier Zehner und fünf Einer, woraus sich dann 68 ergibt.

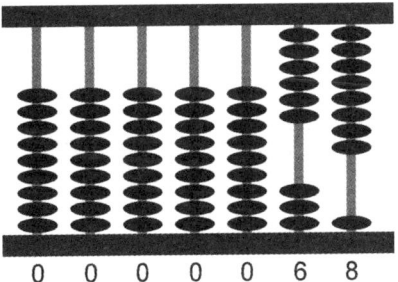

Muss bei der Addition mit Übertrag gerechnet werden, ist ein weiterer kleiner Handgriff erforderlich. Wenn zu 68 noch 5 hinzukommen sollen, bleibt auf dem Einserstab nur eine Perle übrig. Einmal bei 9 angekommen, muss man alle Perlen wieder nach unten schieben und die Einer ab der 0 weiterzählen. Hinzu kommt eine Perle als Übertrag am Zehnerstab. Heraus kommt 73.

Dieser zusätzliche Handgriff ist nicht besonders kompliziert, doch genau er sorgt dafür, dass der Abakus und alle Rechenhilfen vor der Pascaline nicht als Rechenmaschinen bezeichnet werden können. Denn für die gleiche Operation erfolgt nicht der gleiche Handgriff – je nachdem, ob mit oder ohne Übertrag gerechnet wird. Der Abakus ist im Grunde nur eine Gedächtnisstütze, die den Rechnenden erinnert, wo er gerade ist, die ihn aber die verschiedenen Schritte selbst per Hand ausführen lässt. Wenn man mit einem modernen Taschenrechner Zahlen addiert, muss man sich dagegen überhaupt nicht darum kümmern, auf welche Weise dieser auf das Ergebnis kommt. Ob es einen Übertrag gibt oder nicht, kann dem Bediener herzlich egal sein. Er muss nicht mitdenken, der Rechner kümmert sich um alles.

Nach diesem Kriterium ist die Pascaline sehr wohl die erste Rechenmaschine der Geschichte. Ihr Mechanismus ist sehr fein und verlangt große Fingerfertigkeit auf Seiten des Konstrukteurs, ihre Bedienung aber ist ziemlich einfach. Oben auf der Maschine befinden sich sechs Rädchen mit zehn nummerierten Einkerbungen.

Das erste Rädchen von rechts steht für die Einer, das zweite für die Zehner und so weiter. Über den Rädchen befindet sich eine Anzeige mit sechs kleinen Feldern, jeweils eines für ein Rädchen, in dem die gewählte Zahl erscheint. Um die 28 einzugeben, muss man nur das Zehnerrädchen um zwei Einkerbungen im Uhrzeigersinn drehen, das Einserrädchen dreht man acht Einkerbungen weiter. In den Anzeigefeldern erscheinen die Ziffern 2 und 8. Wenn man der 28 nun 5 hinzufügen möchte, muss man sich um den Übertrag nicht selbst kümmern, denn wenn man das Einserrädchen fünf Kerben weiterdreht und die Anzeige von der 9 auf die 0 springt, wandert auch die Zehnerstelle automatisch von der 2 zur 3. Die Maschine zeigt also 33 an.

Der Mechanismus funktioniert auch mit mehreren Überträgen. Wenn auf der Anzeige die 99 999 steht und man das Einserrädchen eine Stelle weiterdreht, wandern die Überträge von rechts nach links und es erscheint die Zahl 100 000, ohne dass der Nutzer der Rechenmaschine irgendetwas bedenken müsste!

Nach Pascal perfektionierten mehrere Erfinder seine Maschine, um immer mehr Operationen noch effizienter und rascher durchzuführen. Ende des 17. Jahrhunderts war es Leibniz, der Pascal nachfolgte und einen Mechanismus ersann, der Multiplikationen und Divisionen ermöglichte. Das System blieb jedoch unausgegoren, und die

Maschinen begingen in einzelnen Fällen noch Übertragfehler. Erst im 18. Jahrhundert wurden seine Ideen vollständig verwirklicht. Immer vertrauenswürdigere und leistungsstärkere Prototypen entstanden unter den Händen von immer genialeren und einfallsreicheren Erfindern. Dass die Mechanismen immer komplizierter wurden, sieht man auch an den Ausmaßen der Maschinen, denn ein bescheidener Rechenapparat hatte oftmals die Größe eines Möbelstücks.

Im 19. Jahrhundert erfuhren Rechenmaschinen eine ähnliche Verbreitung wie ihre Vettern, die Schreibmaschinen. Viele Buchhalter, Geschäftsleute und Händler schafften sich eine Rechenmaschine an, die sich rasch in die Abläufe fügte und sich unentbehrlich machte. Die Menschen fragten sich, wie sie nur ohne diese Apparate klargekommen waren.

Ich setze meinen Museumsbesuch fort und stoße auf mehrere Nachfolger der Pascaline. Da sind das Arithmometer von Thomas de Colmar, der Multiplizierer von Léon Bollée, der polychromatische Arithmograph von Dubois und auch das Comptometer von Felt und Tarrant. Ein besonders erfolgreicher Mechanismus war das Arithmometer des in Russland tätigen schwedischen Ingenieurs Willgodt Theophil Odhner. Die Maschine bestand aus drei Hauptelementen: Oben stellte man mit Hilfe kleiner Hebel die Ausgangszahl ein, unten erschien auf einem horizontal verschiebbaren Schlitten das Ergebnis der Rechnung, und rechts war eine Kurbel, mit der man den Mechanismus auslöste.

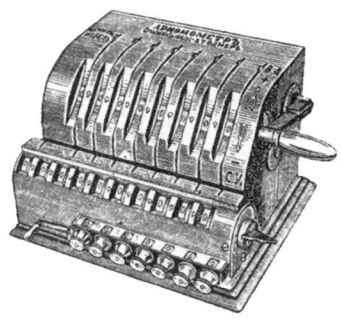

Mit jeder Umdrehung der Kurbel wurde die oben eingestellte Zahl zu der unten auf dem Schlitten angezeigten Zahl addiert. Um eine Subtraktion auszuführen, drehte man die Kurbel einfach andersherum.

Wollte man beispielsweise die Multiplikation 374 × 523 eingeben, stellte man oben die Zahl 374 ein und betätigte dreimal die Kurbel. Unten erschien die Zahl 1122, das Ergebnis von 374 × 3. Der Schlitten wurde daraufhin eine Stufe weitergeschoben, an die Zehnerstelle, dann wurde zweimal gekurbelt. Es erschien die Zahl 8602, das Produkt von 374 und 23. Wieder wurde der Schlitten eine Stelle weiter zu den Hunderten geschoben, dann fünfmal gekurbelt, und schon war das Endergebnis da: 195 602. Mit ein bisschen Übung brauchte man nur wenige Sekunden, um eine Multiplikation wie diese durchzuführen.

Im Jahre 1834 dann hatte der englische Mathematiker Charles Babbage eine ziemlich verrückte Idee: Er wollte eine Rechenmaschine mit einem Webstuhl kreuzen! Seit einigen Jahren hatte sich die Funktionsweise von Webstühlen mehrfach verbessert. So wurden zum Beispiel Lochkarten eingeführt, mit denen man an einer Maschine verschiedene Motive weben konnte, ohne die Einstellung zu verändern. Je nachdem, ob die Nadel auf ein Loch oder auf Pappe traf, wurde der Schussfaden gehoben oder gesenkt und landete so entweder über oder unter dem Kettfaden. Es genügte, das gewünschte Muster auf die Lochkarte zu übertragen, die Maschine verfuhr dann entsprechend.

Nach diesem Modell ersann Babbage einen mechanischen Rechenapparat, der nicht auf bestimmte Rechenarten wie Addition oder Multiplikation beschränkt sein sollte, sondern sein Verhalten nach Bedarf ändern und, je nachdem, welche Lochkarte man einführte, tausende verschiedene Operationen ausführen sollte. Die Maschine sollte sämtliche polynomische Berechnungen beherrschen, also Aufgaben, welche die vier Grundrechenarten plus Potenzen in beliebiger Reihenfolge verbinden. In gleicher Weise, wie die Pascaline ihrem Nutzer ermöglichte, immer dieselbe Bewegung auszuführen, unabhängig von den verwendeten Zahlen, sollte Babbages Maschine dieselbe Geste zur Durchführung verschiedener Operationen erfordern. Dann müsste man nicht mehr wie etwa bei Odhners Arithmometer die Kurbel vorwärts- oder rückwärtsdrehen, je nachdem, ob es sich um eine Addition oder eine Subtraktion handelte. Es sollte genügen, die Aufgabe auf eine Lochkarte zu schreiben, die Maschine würde sich dann um alles kümmern. Diese revolutionäre Funktionsweise macht Babbages Erfindung zum ersten Computer der Geschichte.

Doch es ergab sich eine neue Herausforderung. Denn um die Rechnung auszuführen, musste man die Maschine mit der passenden Lochkarte füttern. Diese Lochkarte bestand aus einer bestimmten Abfolge von offenen und geschlossenen Punkten, die der Mechanismus erkannte und die ihm so Schritt für Schritt vorgaben, welche Operationen durchzuführen waren. Der Nutzer musste also im Vorhinein die gewünschte Rechnung auf ein für die Maschine lesbares Lochkartenmuster übertragen.

Es war die englische Mathematikerin Ada Lovelace, die diese Übersetzungsarbeit fortführte und weiterentwickelte. Sie tauchte in die Funktionsweise der Maschine ein und verstand, wahrscheinlich mehr noch als Babbage, welches Potenzial in ihr steckte. Lovelace schuf insbesondere einen komplexen Code, mit dem sich die Bernoulli-Kette berechnen ließ. Die hundert Jahre zuvor von dem Schweizer Jakob Bernoulli entdeckte Zahlenfolge ist für die Infinitesimalrechnung extrem nützlich. Der Code wird als das erste Computerprogramm überhaupt angesehen. Ada Lovelace ist damit die erste Programmiererin der Geschichte.

Die Mathematikerin starb 1852 mit nur 36 Jahren. Charles Babbage versuchte sein Leben lang, seine Idee umzusetzen, doch er starb 1871, bevor er den Prototyp seines Rechenwerks fertigstellen konnte. Erst im 20. Jahrhundert sollte man eine Babbage-Maschine in Aktion erleben. Es ist absolut beeindruckend und bezaubernd, einem solchem Rechenkoloss beim Arbeiten zuzuschauen. Seine be-

eindruckenden Ausmaße (der Apparat ist an die zwei Meter hoch
und drei Meter breit) sind überwältigend, der konzertierte Tanz der
vielen Getriebe in seinem Innern mutet fantastisch an.

Der nicht vollendete Prototyp des englischen Wissenschaftlers
hat im Londoner Science Museum seinen Platz gefunden, dort kann
man ihn heute noch bewundern. Ein funktionierendes, Anfang des
21. Jahrhunderts nachgebautes Rechenwerk nach Babbage wird im
Computer History Museum in Mountain View in Kalifornien vorge-
führt.

Das 20. Jahrhundert erlebte den Siegeszug der Computer in einem
Ausmaß, das Babbage und Lovelace sich bestimmt niemals ausge-
malt hätten. Die Rechenmaschinen profitierten von den zusammen-
geführten neuen und alten Erkenntnissen der Mathematik.

Auf der einen Seite nämlich ermöglichten die Infinitesimalrechnung und die imaginären Zahlen die mathematische Darstellung von
elektromagnetischen Phänomenen, wodurch die Entstehung elektronischer Apparaturen vorangetrieben wurde. Auf der anderen Seite
tauchten im 19. Jahrhundert erneut Fragen auf, die sich mit den
Grundlagen der Mathematik beschäftigten, mit Axiomen und elementaren Folgerungen zur Beweisführung. Ersteres lieferte den Maschinen eine Infrastruktur von nicht geahnter Schnelligkeit, Letzteres ermöglichte die effiziente Organisation elementarer Operationen
zum Erreichen kompliziertester Ergebnisse.

Einer der Hauptbeteiligten an dieser Revolution war der britische
Mathematiker Alan Turing. Er veröffentlichte 1936 einen Artikel, in
dem er eine Parallele zog zwischen der Beweisführung zu einem
mathematischen Theorem und der maschinellen Berechnung einer
Aufgabe in der Informatik. Er beschrieb erstmals die Funktionsweise einer abstrakten Maschine, die seinen Namen tragen sollte und
in der theoretischen Informatik noch heute Verwendung findet.
Turings Maschine ist reine Vorstellung: Konkrete Mechanismen, mit
denen sie tatsächlich konstruiert werden könnte, interessierten den

Mathematiker nicht. Er nahm sich einfach elementare, von einer Maschine zu bewältigenden Operationen vor und fragte sich, was herauskommen würde, wenn man diese untereinander kombinierte. An dieser Stelle erkennt man ganz klar die Analogie zu einem Mathematiker, der Axiome aufstellt, aus denen er durch Kombination Theoreme abzuleiten versucht.

Die Befehlsfolge, die man einer Maschine erteilt, um zu einem bestimmten Ergebnis zu kommen, heißt Algorithmus. Der Begriff ist eine lateinische Verballhornung des Namens al-Chwarizmi. Die Algorithmen der Informatik sind weitgehend angelehnt an die Verfahren zur Problemlösung, die wir schon von den Alten kennen. Wir erinnern uns, dass al-Chwarizmi in seiner *al-jabr* nicht nur abstrakte mathematische Gegenstände betrachtete, sondern auch praktische Hinweise gab, mit denen die Bürger Bagdads eine Lösung für konkrete Probleme finden konnten, ohne die Theorie dahinter verstehen zu müssen. Genauso ist es nicht notwendig, einem Computer eine Theorie zu erklären, die er ohnehin nicht verstehen kann. Er benötigt nur eine Information, nämlich welche Rechnungen er in welcher Reihenfolge ausführen soll.

Hier ein Beispiel für einen Algorithmus, mit dem man eine Maschine bestücken könnte. Die Maschine hat drei Speicherfelder, in die Zahlen eingetragen werden können. Erraten Sie, welchen Algorithmus der Rechner ausführt?

Schritt A
Trage die Zahl 1 in Speicherfeld 1 ein, gehe zu Schritt B.
Schritt B
Trage die Zahl 1 in Speicherfeld 2 ein, gehe zu Schritt C.
Schritt C
Trage die Summe aus Speicherfeld 1 und Speicherfeld 2 in Speicherfeld 3 ein, gehe zu Schritt D.
Schritt D
Trage die Zahl aus Speicherfeld 2 in Speicherfeld 1 ein, gehe zu Schritt E.

Schritt E

Trage die Zahl aus Speicherfeld 3 in Speicherfeld 2 ein, gehe zu Schritt C.

Wie man sieht, wird die Maschine eine Schleife drehen, da Schritt E zu Schritt C führt. Die Schritte C, D, und E wiederholen sich unendlich.

Was tut nun diese Maschine? Man muss ein wenig überlegen, um die nüchternen Befehle zu enträtseln. Doch vielleicht erkennen Sie, dass dieser Algorithmus eine Zahlenfolge herstellt, die wir bereits kennen, denn die Elemente gehören zur Fibonacci-Folge![21] Schritt A und Schritt B stellen die ersten beiden Elemente der Zahlenfolge her: 1 und 1. In Schritt C wird die Summe der beiden vorangegangenen Elemente berechnet. Schritt D und Schritt E ordnen die Ergebnisse im Speicher, damit richtig weitergerechnet werden kann. Betrachtete man die Zahlen, die nacheinander in den Speicherfeldern der Maschine erscheinen, sähe man die Reihe 1, 1, 2, 3, 5, 8, 13, 21 und so fort.

Unser Beispiel-Algorithmus ist relativ einfach und doch nicht einfach genug, um von einer Turingmaschine gelesen zu werden. Denn so wie Turing sie definierte, waren die Rechner nicht in der Lage, eine Addition auszuführen, wie sie in Schritt C verlangt wird. Die einzigen Fähigkeiten der Maschine sind das Beschreiben, Lesen und Ordnen von Speicherplätzen, und das stets nach den Vorgaben in den einzelnen Schritten. Man könnte der Maschine jedoch die Addition beibringen, indem man sie mit dem Algorithmus bestückt, durch den sich die Ziffern Stelle für Stelle aufaddieren, und zwar mit Rücksicht auf den Übertrag, wie bei der Pascaline. Die Addition gehört also nicht zu den Axiomen der Maschine, sondern stellt bereits

---

21 Erinnern Sie sich? Die ersten Elemente der Fibonacci-Folge sind 1 und 1, die nächsten Elemente sind immer die Summe aus den beiden vorherigen. Die Folge beginnt also: 1, 1, 2, 3, 5, 8, 13, 21 …

ein Theorem dar, dem man einen Algorithmus zuweisen muss, um es verwenden zu können. Sobald dieser Algorithmus geschrieben ist, muss er nur noch in Schritt C eingefügt werden, dann kann auch eine Turingmaschine die Fibonacci-Zahlen berechnen.

Auf komplexerer Ebene ist es dann möglich, einer Turingmaschine verschiedenste Operationen beizubringen: Multiplikation, Division, das Rechnen mit Quadratzahlen und Quadratwurzeln, das Lösen von Gleichungen, die Annäherung an π, das Berechnen trigonometrischer Zusammenhänge, das Bestimmen der kartesischen Koordinaten von geometrischen Figuren oder auch die Infinitesimalrechnung. Wenn man die Maschine nur mit den richtigen Algorithmen füttert, führt sie sämtliche Mathematik aus, die wir bis zu diesem Punkt besprochen haben, und das mit vielfach höherer Genauigkeit.

Der Vier-Farben-Satz

Man nehme die Karte eines Gebiets, das aus verschiedenen, deutlich abgegrenzten Regionen besteht. Wie viele Farben braucht man mindestens, um die Karte einzufärben, sodass zwei angrenzende Regionen niemals dieselbe Farbe haben?

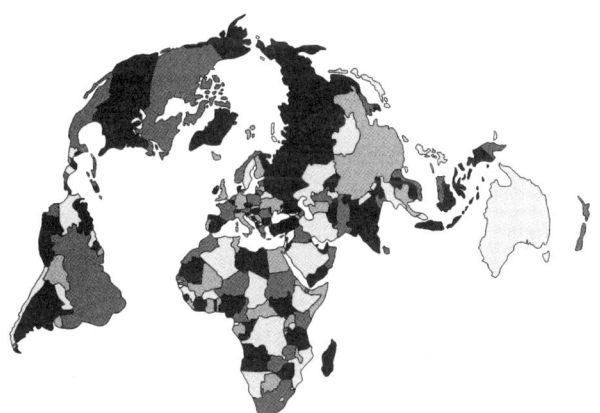

Im Jahre 1852 widmete sich der südafrikanische Mathematiker Francis Guthrie dieser Frage und gelangte zu der Überzeugung, dass dazu immer, ganz gleich bei welcher Karte, vier Farben ausreichen würden. Im Anschluss versuchten viele Wissenschaftler, diese Aussage zu beweisen, doch über ein Jahrhundert lang sollte das niemandem gelingen.

Ein paar Erfolge gab es aber zu verzeichnen. So stellte man fest, dass sämtliche möglichen Karten sich auf 1478 problematische Fälle reduzieren ließen, wobei jeder einzelne Fall mehrfach überprüft werden müsste. Doch wie sollte eine Einzelperson oder auch ein Team von Forschern die zahllosen Berechnungen durchführen? Ein Leben reichte dazu nicht aus. Die Mathematiker waren verständlicherweise frustriert: Sie hatten zwar die Methode vor Augen, mit der sie Guthries Vermutung untermauern oder widerlegen konnten, doch sie konnten sie aus Zeitgründen nicht anwenden!

In den 1960er Jahren kamen mehrere Wissenschaftler auf die Idee, einen Computer zu Hilfe zu nehmen, und 1976 dann konnten die beiden Amerikaner Kenneth Appel und Wolfgang Haken verkünden, dass sie den Vier-Farben-Satz endlich bewiesen hätten. Um die 1478 Karten zu überprüfen, waren immerhin noch 1200 Stunden Rechenarbeit und 10 Milliarden elementare Operationen der Maschine nötig.

Unter Mathematikern schlug die Nachricht ein wie eine Bombe. Wie sollte man mit einer solchen Beweisführung der neuen Art umgehen? Durfte man die Gültigkeit eines Beweises annehmen, der so lang war, dass kein Mensch ihn jemals ganz lesen könnte? Inwieweit konnte man der Maschine vertrauen?

Diese Fragen lösten allerhand Diskussionen aus. Manch einer brachte vor, man könne eben nicht hundertprozentig sicher sein, dass die Maschine sich nicht geirrt hatte. Dem entgegneten andere, dasselbe gelte doch für Berechnungen von Menschen. War ein elektronischer Mechanismus weniger vertrauenswürdig als ein biologischer Mechanismus, also der Homo sapiens? War ein Beweis, den eine metallische Maschine lieferte, weniger wert als ein Beweis, den eine organische Maschine entwickelte? Es kam doch öfter vor, dass selbst großen Mathematikern Fehler unterliefen, die man erst viel später entdeckte. Zweifelten wir deshalb etwa am Fundament des mathematischen Gebäudes? Eine Maschine konnte falsch programmiert sein und sicher auch Fehler machen, doch wenn ihre Zuverlässigkeit der eines Menschen entsprach (oder sogar größer war), gab es keinen Grund, an ihren Ergebnissen zu zweifeln.

Heute haben Mathematiker gelernt, einem Computer zu vertrauen, und die meisten von ihnen betrachten den Beweis für den Vier-Farben-Satz als gültig. Mit Hilfe der Informatik sind inzwischen noch viele andere Theorien bewiesen worden. Doch wird die Methode nicht immer geschätzt. Ein prägnanter Beweis aus der Hand eines Mathematikers gilt oftmals als eleganter. Wenn das Ziel der Mathematik sein soll, die von ihr behandelten abstrakten Gegenstände besser zu verstehen, dann sind menschliche Beweise doch um vieles lehrreicher, da sie uns tiefere Zusammenhänge erkennen lassen.

Am 10. März 2016 richteten alle die Augen gen Seoul. Denn dort fand das lang erwartete Go-Spiel zwischen dem besten Spieler der Welt, dem Koreaner Lee Sedol, und dem Computer AlphaGo statt. Die Partie wurde von mehreren Fernsehsendern und über das Internet übertragen, Hundertmillionen Menschen sahen zu. Die Spannung war enorm: Noch nie hatte ein Computer einen Spieler dieses Niveaus besiegen können.

Es heißt, Go gehöre zu den Spielen, die für eine Maschine am schwersten zu erlernen sind. Die richtige Strategie verlangt ein erhebliches Maß an Intuition und Kreativität. Maschinen sind sehr gute Rechner, doch Algorithmen, die instinktives Verhalten simu-

lieren, sind ungemein schwer zu entwickeln. Andere Spiele, etwa
Schach, sind viel logischer aufgebaut. Aus diesem Grund konnte
bei einem ebenfalls vielbeachteten Zusammentreffen im Jahr 1997
der Computer Deep Blue den russischen Schachweltmeister Garri
Kasparow besiegen. Bei Spielen wie Dame haben Computer sogar
unschlagbare Strategien entwickelt, und kein menschlicher Spieler
kann noch hoffen, einen Rechner beim Damespiel zu übertrumpfen. Wenn es perfekt läuft, schafft er vielleicht gerade noch ein
Unentschieden. Unter den großen Strategiespielen war Go nun die
letzte Bastion, die sich dem Angriff der Maschinen widersetzte.

Nach einer Stunde, die gespielt worden war, genauer gesagt beim
37. Satz, stand die Seouler Partie auf der Kippe. Und in diesem
Moment verdutzte AlphaGo sämtliche das Spiel verfolgende Spezialisten: Der Computer entschied, seinen schwarzen Stein auf O10 zu
setzen. Der Kommentator, der die einzelnen Schritte im Internet erklärte und analysierte, riss die Augen auf, legte den Stein auf sein
Demobrett, dann nahm er ihn ungläubig wieder auf. Er warf einen
prüfenden Blick auf den Bildschirm, dann platzierte er den Stein
endgültig. Sämtliche Go-Spezialisten in allen Teilen der Welt packte
das Entsetzen. Hatte der Computer da eben einen Riesenfehler gemacht, oder war ihm im Gegenteil ein Geniestreich gelungen? Drei-
einhalb Stunden und 74 Sätze später kam die Antwort: Der koreani-
sche Champion gab auf, die Maschine hatte gewonnen.

Nach der Partie war man voll des Lobes für den bemerkenswer-
ten Zug 37. Wie einfallsreich, wie ungewöhnlich, einfach faszinierend, lautete das einhellige Urteil. Kein menschlicher Spieler hätte
diesen Satz gewagt, hieß es, eine traditionelle Strategie würde diesen niemals gutheißen. In Seoul aber führte er zum Sieg. Und nun
stellte sich die Frage: Wie konnte sich ein Computer, der doch nur
einem vom Menschen vorgegebenen Algorithmus folgt, als kreativ
erweisen?

Beantworten lässt sich dies mit neuen Typen von Algorithmen,
den selbstlernenden Algorithmen. Die Programmierer haben dem
Computer nämlich nicht das Spiel beigebracht, sondern sie haben

ihm beigebracht, wie er das Spiel erlernt! In seiner Übungsphase hat AlphaGo Millionen Stunden gegen sich selbst gespielt und erkannt, welche Schritte zum Sieg führen. Zudem wurde seinem Algorithmus auch ein Zufall eingegeben. Die möglichen Kombinationen beim Go sind viel zu zahlreich, um alle berechnet zu werden, selbst für einen Computer ist diese Aufgabe zu immens. Um das Problem zu umgehen, wählt AlphaGo zufällig mögliche Lösungswege und nutzt dazu die Wahrscheinlichkeitsrechnung. Der Computer testet nur einen kleinen Anteil aller möglichen Kombinationen, so wie eine Statistik die Eigenschaften der gesamten Bevölkerung anhand einer Stichprobe berechnet. So findet er die Züge, die mit größter Wahrscheinlichkeit zum Erfolg führen. Hier offenbart sich zum Teil das Geheimnis hinter der Intuition und dem Einfallsreichtum von AlphaGo: Die Maschine überlegt nicht systematisch, sondern wägt die möglichen Schritte nach ihren Wahrscheinlichkeiten ab.

Jenseits der Strategiespiele erscheint es heute, als würden die mit immer komplexeren und leistungsfähigeren Algorithmen ausgerüsteten Computer in der Lage sein, den Menschen in den meisten Bereichen zu übertrumpfen. Computer fahren Auto, führen chirurgische Operationen aus, komponieren Musik oder malen Gemälde. Rein technisch betrachtet kann man sich kaum eine menschliche Tätigkeit vorstellen, die eine mit dem entsprechenden Algorithmus ausgestattete Maschine nicht auch ausführen könnte.

Angesichts der in wenigen Jahrzehnten erreichten überwältigenden Erfolge lässt sich kaum absehen, wozu ein Computer der Zukunft in der Lage sein wird. Wer weiß, ob künstliche Intelligenz nicht eines Tages selbst neue mathematische Formeln entwickelt? Im Moment ist das Spiel der Mathematik noch zu komplex, als dass Computer der Kreativität freien Lauf lassen könnten. Ihre Verwendung bleibt auf den technischen, rechnerischen Bereich beschränkt. Aber vielleicht wird eines Tages ein Nachfahr von AlphaGo ein nicht gekanntes Theorem hervorbringen, nach Art von Zug 37, und alle großen Wissenschaftler der Erde verblüffen. Schwer zu sagen, welche Heldentaten Maschinen der Zukunft vollbringen, aber es wäre doch erstaunlich, wenn sie uns nicht erstaunen würden.

17

Mathe der Zukunft

Der Himmel ist dunkel, der Regen prasselt auf die Dächer Zürichs. So ein düsterer Tag mitten im Sommer! Der Zug müsste bald kommen.

Es ist Sonntag, der 8. August 1897, und auf dem Bahnsteig steht ein nachdenklich wirkender Mann. Er wartet auf die Ankunft seiner Gäste. Adolf Hurwitz ist Mathematiker. Er stammt aus Deutschland, aber schon seit fünf Jahren lebt er in Zürich, wo er an der Eidgenössischen Technischen Hochschule den Lehrstuhl für Mathematik innehat. In dieser Funktion ist er ein wichtiger Mitorganisator einer Veranstaltung, die sich in den folgenden drei Tagen abspielen wird. Der einfahrende Zug bringt eine Auswahl der weltweit größten Wissenschaftler aus sechzehn verschiedenen Ländern nach Zürich. Denn morgen beginnt dort der erste Internationale Mathematikerkongress.

Die beiden Initiatoren der Zusammenkunft sind die Deutschen Georg Cantor und Felix Klein. Ersterer ist durch die Entdeckung berühmt geworden, dass es Klassen unendlicher Zahlen gibt, die größer sind als andere, und dadurch, dass er die von ihm begründete Mengenlehre heranzog, um beim Umgang mit dem Unendlichen nicht auf Widersprüche zu stoßen. Felix Klein dagegen ist Spezialist für algebraische Strukturen. Die Schweiz ist aus diplomatischen Gründen als Gastgeber dieses ersten Kongresses ausgewählt worden, doch der Anstoß zu dem Treffen kam aus Deutschland. Im Laufe des 19. Jahrhunderts hat sich das Land zum Eldorado für Mathematiker entwickelt. Göttingen und seine angesehene Universität sind das Nervenzentrum, in dem die brillantesten Köpfe des Fachs zusammenkommen.

Zu den zweihundert Teilnehmern des Kongresses gehören viele

Italiener, etwa Giuseppe Peano, der die modernen Axiome der Arithmetik definiert hat; Russen wie Andreï Markow, dessen Arbeiten die Analyse von Wahrscheinlichkeiten revolutioniert haben; und Franzosen, unter anderem Henri Poincaré,[22] der Entdecker der Chaostheorie und des Schmetterlingseffekts. Während der drei Tage, die der Kongress dauert, können all diesen illustren Leute ausgiebig miteinander diskutieren und Verbindungen untereinander und zwischen ihren Forschungsgebieten knüpfen.

Ende des 19. Jahrhunderts befand sich die Mathematikwelt im Wandel. Die geografische wie intellektuelle Ausweitung des Fachs entfernte die Wissenschaftler voneinander. Die Mathematik beinhaltete ein zunehmend größeres Gebiet, das ein Einzelner nicht mehr vollständig umfassen konnte. Henri Poincaré, der auf dem Kongress des Jahres 1897 die Eröffnungsrede hielt, wird manchmal als der letzte Universalgelehrte angesehen, denn er beherrschte sämtliche mathematischen Themen seiner Zeit und lieferte für viele Teilbereiche entscheidende Erkenntnisse. Mit ihm sollte die Zeit der Generalisten enden, es übernahmen die Spezialisten.

Wie als Reaktion auf das Auseinanderdriften der mathematischen Kontinente waren die Wissenschaftler umso bemühter, Gelegenheiten zur Zusammenarbeit zu schaffen und aus ihrem Fach eine unzertrennbare Einheit zu machen. Die Spannungen zwischen diesen beiden widersprüchlichen Bestrebungen wurden ins 20. Jahrhundert getragen.

Zum zweiten Mathematikerkongress kam man im August 1900 in Paris zusammen. Im Anschluss wurde der Kongress alle vier Jahre abgehalten, jedoch mit Unterbrechungen aufgrund der Weltkriege. Das letzte Treffen vor der Niederschrift dieses Buchs fand vom 13.–21. August 2014 in Seoul statt. Mit mehr als fünftausend Teil-

---

22 Poincaré sind wir schon begegnet. Auf ihn geht der Satz zurück: «Die Mathematik ist die Kunst, verschiedenen Dingen denselben Namen zu geben.»

nehmern aus einhundertzwanzig verschiedenen Ländern war es die
bisher größte Zusammenkunft von Mathematikern.

Im Laufe der Jahre etablierten sich bestimmte Kongresstraditio-
nen. Seit 1936 wird die prestigereiche Fields-Medaille verliehen.
Der «Nobelpreis für Mathematik» ist die höchste Auszeichnung des
Fachs. Auf der Medaille ist der Kopf von Archimedes abgebildet,
darüber steht das hehre Motto: *Transire suum pectus mundoque
potiri* («Den eigenen Verstand überschreiten und sich der Welt be-
mächtigen»).

Profil von Archimedes auf der Fields-Medaille

Eine Auswirkung der mathematischen Globalisierung bestand darin, dass sich Englisch als Wissenschaftssprache durchsetzte. Schon
beim Kongress in Paris hatten sich Teilnehmer beschwert, dass die
Vorträge und Präsentationen in französischer Sprache das Verständnis der anderssprachigen Kongressteilnehmer behindere. Als mit
dem Zweiten Weltkrieg viele europäische Denker in die Vereinigten
Staaten auswanderten und an den dortigen großen Universitäten
tätig wurden, verstärkte sich diese Entwicklung. Heute ist die über-
wiegende Mehrheit der Artikel zur mathematischen Forschung auf
Englisch abgefasst.[23]

23 Seit 1991 werden diese aus aller Welt stammenden Artikel über die von der
   US-amerikanischen Universität Cornell initiierte Website arXiv.org im Internet
   veröffentlicht. Wenn Sie wissen möchten, wie so ein Artikel für das Fach Mathematik aussieht, schauen Sie dort doch ruhig einmal nach.

Innerhalb eines Jahrhunderts ist außerdem die Zahl der Mathematiker erheblich gestiegen. Um 1900 gab es einige Hundert, die vornehmlich in Europa tätig waren. Heute sind es Zehntausende aus aller Herren Länder. Jeden Tag werden Dutzende neue Artikel veröffentlicht. Man nimmt an, dass die weltweite Mathematiker-Community alle vier Jahre etwa eine Million neue Theoreme hervorbringt!

Das Zusammenrücken der Mathematik wurde von einer grundlegenden Neuorganisierung des Fachs begleitet. An dieser Entwicklung besonders beteiligt war der deutsche Mathematiker David Hilbert, Professor an der Universität Göttingen. Mit Poincaré gehört er zu den brillantesten und einflussreichsten Mathematikern des frühen 20. Jahrhunderts.

1900 nahm Hilbert am Pariser Kongress teil und stellte dort am 8. August an der Sorbonne eine berühmt gewordene Liste vor. Der Mathematiker nannte wichtige bisher nicht gelöste Probleme seines Fachs und schlug vor, die Suche nach den Antworten solle die Mathematik des angehenden Jahrhunderts leiten. Mathematiker mögen Herausforderungen, die Initiative stieß also auf offene Ohren. Die dreiundzwanzig Probleme Hilberts weckten das Interesse der Wissenschaftler und machten auch unter Nichtkongressteilnehmern schnell die Runde.

Heute, im Jahr 2016, sind noch vier dieser Probleme ungelöst. Zu ihnen gehört Nummer acht auf Hilberts Liste, nämlich die Riemann'sche Vermutung. Sie gilt als eines der größten mathematischen Rätsel unserer Epoche und wurde vom Clay Mathematics Institute auf die Liste der Millennium-Probleme gesetzt. Es geht darum, imaginäre Lösungen für eine Gleichung zu finden, die Mitte des 19. Jahrhunderts von dem deutschen Mathematiker Bernhard Riemann aufgestellt wurde. Die Gleichung ist vor allem auch deshalb von Interesse, weil sie den Schlüssel zu einem noch viel älteren Rätsel birgt, nämlich das der seit der Antike untersuchten Primzahlfolge.[24] Eratosthenes war im 3. Jahrhundert v. Chr. einer der Ersten, die sich dieser Zahlenfolge widmeten. Findet man die Lösung für die Riemann'sche Gleichung, gewinnt man auch Aufschluss über die Primzahlen, die doch einen zentralen Platz in der Arithmetik einnehmen.

Mit der Vorstellung seiner dreiundzwanzig Probleme war Hilberts Betätigung lange nicht zu Ende. In den folgenden Jahren stellte der Mathematiker ein umfassendes Programm auf, mit dem alle Bereiche der Mathematik eine solide und eindeutige Grundlage bekommen sollten. Sein Ziel: eine vereinheitlichende Theorie schaffen, unter die sich alle Zweige der Mathematik fassen ließen! Erinnern wir uns, dass seit Descartes und seinen Koordinaten geometrische Probleme in der Sprache der Algebra ausgedrückt werden konnten. So war die Geometrie eine Art Unterkategorie der Algebra geworden. Wäre es nun möglich, diese Fusion der Disziplinen auf die gesamte Mathematik zu übertragen? Könnte man eine Supertheorie finden, zu der sämtliche Zweige der Mathematik, von der Geometrie über Algebra und Infinitesimalrechnung bis zur Wahrscheinlichkeitsrechnung, nur Anwendungen wären?

Die Supertheorie kam tatsächlich zustande – und zwar indem man sich auf die Ende des 19. Jahrhunderts von Georg Cantor begründete Mengenlehre stützte. Zu Beginn des neuen Jahrhunderts kamen mehrere Vorschläge zur Axiomatisierung dieser Theorie auf. Ab 1910 bis 1913 veröffentlichten die Briten Alfred North Whitehead und Bertrand Russell ein dreibändiges Werk mit dem Titel *Principia Mathematica*. Darin stellen sie Axiome und logische Schlüsse vor, mit denen sie sämtliche Mathematik von Grund auf herleiten. Eine der berühmtesten Passagen des Buchs befindet sich auf Seite 362 des ersten Bands. Dort gelangen Whitehead und Rus-

---

24 Primzahlen lassen sich nicht als Multiplikation von zwei Zahlen schreiben, die kleiner sind als sie selbst. 5 ist eine Primzahl, 6 jedoch nicht, denn: $2 \times 3 = 6$. Die Primzahlfolge beginnt mit: 2, 3, 5, 7, 11, 13, 17, 19 …

sell nach dem schrittweisen Aufbau der Arithmetik schließlich zu dem Theorem $1 + 1 = 2$! Die Kritiker amüsierte doch sehr, dass man viele Seiten und lange, unverständliche Herleitungen benötigte, um zu einer derart einfachen Gleichung zu gelangen. Hier nur als Augenschmaus, wie der Beweis für $1 + 1 = 2$ in der Symbolsprache von Whitehead und Russell aussieht:

$$*54\cdot43. \quad \vdash :. \alpha, \beta \, \epsilon \, 1 . \supset : \alpha \cap \beta = \Lambda . \equiv . \alpha \cup \beta \, \epsilon \, 2$$

Dem.

$$\vdash . *54\cdot26 . \supset \vdash :. \alpha = \iota^{\iota}x . \beta = \iota^{\iota}y . \supset : \alpha \cup \beta \, \epsilon \, 2 . \equiv . x \neq y .$$

$$[*51\cdot231] \qquad\qquad\qquad\qquad\qquad \equiv . \iota^{\iota}x \cap \iota^{\iota}y = \Lambda .$$

$$[*13\cdot12] \qquad\qquad\qquad\qquad\qquad \equiv . \alpha \cap \beta = \Lambda \qquad (1)$$

$$\vdash . (1) . *11\cdot11\cdot35 . \supset$$

$$\vdash :. (\exists x, y) . \alpha = \iota^{\iota}x . \beta = \iota^{\iota}y . \supset : \alpha \cup \beta \, \epsilon \, 2 . \equiv . \alpha \cap \beta = \Lambda \qquad (2)$$

$$\vdash . (2) . *11\cdot54 . *52\cdot1 . \supset \vdash . \text{Prop}$$

From this proposition it will follow, when arithmetical addition has been defined, that $1 + 1 = 2$.

Versuchen Sie nicht, irgendetwas in dieser Anhäufung von Symbolen verstehen zu wollen! Ohne die vorangegangenen 361 Seiten gelesen zu haben, ist dies vollkommen unmöglich![25]

Nach Whitehead und Russell wurden weitere Vorschläge zur Verbesserung der Axiome gemacht, heute kann die große Mehrheit der Mathematiker tatsächlich in den wenigen Axiomen der Mengenlehre ihren Ausgangspunkt erkennen.

Trotz des verblüffenden Erfolgs der Mengenlehre war Hilbert noch nicht zufrieden, denn es bestanden weiterhin Zweifel an der Glaubwürdigkeit der Axiome der *Principia Mathematica*. Damit eine Theorie als perfekt gilt, muss sie zwei Kriterien erfüllen: Sie muss widerspruchsfrei sein, und sie muss vollständig sein.

Die Widerspruchsfreiheit oder Konsistenz einer Theorie verbie-

25 Und selbst wenn man sie gelesen hat, bleibt es, ehrlich gesagt, ziemlich schwierig …

tet, eine Sache und zugleich ihr Gegenteil zu beweisen. Wenn zum Beispiel ein Axiom belegt, dass $1 + 1 = 2$ ist, und ein anderes zu dem Schluss kommt, dass $1 + 1 = 3$ ist, dann ist die Theorie nicht konsistent, da sie sich selbst widerspricht. Die Vollständigkeit einer Theorie dagegen garantiert, dass die Axiome für den gesuchten Beweis ausreichen. Wenn etwa eine arithmetische Theorie nicht über genügend Axiome verfügt, um zu beweisen, dass $2 + 2 = 4$ ist, dann ist sie nicht vollständig.

Erfüllte die *Principia Mathematica* diese beiden Kriterien? Konnte man sicher sein, dass man keine Widersprüche entdecken würde und die Axiome präzise und aussagekräftig genug waren, um daraus alle möglichen und alle denkbaren Theoreme abzuleiten?

Hilberts Programm der Axiomatisierung der Mathematik fand ein jähes Ende, als 1931 ein junger österreichischer Mathematiker namens Kurt Gödel folgenden Artikel veröffentlichte: *Über formal unentscheidbare Sätze der Principia Mathematica und verwandter Systeme.* Der Text belegte, dass es keine Supertheorie geben konnte, die zugleich widerspruchsfrei und vollständig war. Wenn die *Principia Mathematica* konsistent war, dann gab es in ihr zwangsläufig unentscheidbare Aussagen, die weder bewiesen noch widerlegt werden konnten. Es ließ sich also nicht entscheiden, ob die Aussagen falsch oder wahr waren.

Die geniale Gödel'sche Katastrophe

Der Gödel'sche Unvollständigkeitssatz ist ein Meilenstein des mathematischen Denkens. Wenn wir sein Prinzip verstehen möchten, müssen wir einen sehr genauen Blick darauf werfen, wie wir Mathematik notieren. Hier zwei elementare Aussagen der Arithmetik:

A. Die Addition zweier gerader Zahlen ergibt immer eine gerade Zahl.

B. Die Addition zweier ungerader Zahlen ergibt immer eine ungerade Zahl.

Die beiden Aussagen sind eindeutig und konnten problemlos in die von Viète ersonnene algebraische Sprache übertragen werden. Bei näherem Hinsehen lässt sich feststellen, dass Aussage A wahr ist, Aussage B dagegen falsch: Die Summe zweier ungerader Zahlen ist immer eine gerade Zahl. Dies führt uns zu den folgenden Aussagen:

C. Aussage A ist wahr.
D. Aussage B ist falsch.

Die beiden neuen Sätze sind etwas ungewöhnlich. Denn es handelt sich eigentlich nicht um mathematische Aussagen, sondern eher um Aussagen über mathematische Aussagen! Die Sätze C und D lassen sich, anders als die Sätze A und B, nicht in der Symbolsprache Viètes ausdrücken. Denn ihre Subjekte sind keine Zahlen, keine geometrischen Figuren und auch keine anderen Objekte der Arithmetik, keine Wahrscheinlichkeiten und keine Infinitesimalzahlen. Wir haben es mit metamathematischen Aussagen zu tun, also Aussagen, die nicht von mathematischen Objekten handeln, sondern von der Mathematik selbst! Ein Theorem ist mathematisch. Die Aussage, dass das Theorem wahr ist, ist metamathematisch.

Diese Unterscheidung mag kleinteilig und belanglos erscheinen, aber nur durch eine unglaublich geniale Formalisierung der Metamathematik gelangte Gödel zu seinem berühmten Satz. Denn seine Leistung bestand eben darin, metamathematische Aussagen in der Sprache der Mathematik zu notieren! Durch ein erstaunliches Verfahren, das Aussagen wie Zahlen behandelte, konnte die Mathematik nun nicht nur über Zahlen, Geometrie und Wahrscheinlichkeiten Aussagen treffen, sondern war außerdem in der Lage, auf sich selbst Bezug zu nehmen!

Etwas, das über sich selbst spricht – läutet da nicht eine Glocke? Erinnern Sie sich an das berühmte Paradoxon des Epimenides? Der griechische Philosoph behauptete, alle Kreter seien Lügner. Da er aber selbst Kreter war, ließ sich nicht sagen, ob seine Aussage nun falsch oder wahr war, ohne sich in Widersprüche zu begeben. Die Katze biss sich in den Schwanz. Bis zu Gödel waren mathematische Aussagen von dieser Selbstbezüglichkeit ausgenommen. Doch durch sein Vorgehen gelang es Gödel, ein ähnliches Phänomen auf die Mathematik zu übertragen. Nehmen wir folgende Aussage:

G. *Aussage G ist nicht durch die Axiome der Theorie beweisbar.*

Die Aussage ist metamathematisch, doch durch Gödels Trick lässt sie sich trotzdem in mathematischer Sprache ausdrücken. Man kann nun versuchen, G anhand der Axiome der Theorie zu beweisen. Daraus ergeben sich zwei mögliche Szenarien.

Entweder findet man einen Beweis für G, doch dann ist G falsch, denn es heißt ja, G sei nicht beweisbar. Wenn man aber etwas beweisen kann, dass falsch ist, dann lässt sich die gesamte Theorie nicht aufrechterhalten! Sie ist nicht widerspruchsfrei.

Oder aber man findet keinen Beweis für G. In diesem Fall ist Aussage G richtig, und unsere Axiome sind nicht in der Lage, eine Aussage zu belegen, die trotzdem wahr ist! Die Theorie ist damit unvollständig, da es Wahrheiten gibt, die ihr verschlossen sind.

Wir sind also in jedem Fall die Verlierer. Entweder ist die Theorie nicht widerspruchsfrei, oder sie ist nicht vollständig. Der Gödel'sche Unvollständigkeitssatz machte Hilberts Traum ein für alle Mal zunichte. Das Problem ließ sich auch nicht dadurch beseitigen, dass man eine andere Theorie entwickelte, denn das Ergebnis gilt nicht nur für die *Principia Mathematica*, sondern auch für jede andere Theorie, mit der man diese zu ersetzen versucht. Eine einzige, perfekte Theorie, mit der sich all ihre Theoreme beweisen lassen, kann es nicht geben.

Doch es blieb ein Hoffnungsschimmer. Aussage G war in der Tat unentscheidbar, doch sie war aus mathematischer Sicht von keinem großen Interesse. Sie war ein von Gödel ersonnener Sonderfall, mit dem er das Paradoxon des Epimenides entschlüsseln wollte. Man konnte immer noch hoffen, dass die großen und interessanten mathematischen Probleme nicht in die Falle des Selbstbezugs liefen.

Und dann musste man auch diese Hoffnung aufgeben. 1963 zeigte der US-amerikanische Mathematiker Paul Cohen, dass das erste der dreiundzwanzig Probleme Hilberts eben auch zu dieser seltsamen Kategorie der unentscheidbaren Aussagen gehörte. Es war anhand der Axiome der *Principia Mathematica* weder beweisbar noch widerlegbar. Falls das erste Problem auf Hilberts Liste eine Tages gelöst werden sollte, dann nur im Rahmen einer anderen Theorie. Doch wird diese neue Theorie andere Widersprüche und andere unentscheidbare Aussagen enthalten.

Zwar nahm die mathematische Grundlagenforschung im 20. Jahrhundert einen bedeutenden Platz ein, doch gingen die Teilgebiete natürlich gleichzeitig weiter ihren Weg. Die unglaubliche Vielfalt der Disziplinen, die sich in den vergangenen Jahrzehnten entwickelt hat, ist kaum noch zu übersehen. Schauen wir uns aber noch ein absolutes Glanzstück des vergangenen Jahrhunderts an: die Mandelbrot-Menge.

Das wunderschöne Gebilde ist durch die Analyse der Eigenschaften bestimmter Zahlenfolgen entstanden. Man nehme irgendeine Zahl. Dann bildet man, beginnend mit 0, eine Folge. Man fügt dazu immer das Quadrat des Vorgängers plus die gewählte Zahl hinzu. Wenn man sich etwa für die 2 entschieden hat, beginnt die Folge also: 0, 2, 6, 38, 1446 ..., denn: $2 = 0^2 + 2$ und $6 = 2^2 + 2$ und $38 = 6^2 + 2$ und $1446 = 38^2 + 2$ und so weiter. Wenn statt der 2 die −1 ausgesucht wurde, erhält man die Folge: 0, −1, 0, −1, 0 ... Hier wechselt die Folge immer nur zwischen 0 und −1, denn $−1 = 0^2 − 1$ und $0 = (−1)^2 − 1$.

Die beiden Beispiele zeigen, dass die Folge je nach gewählter Zahl ganz verschiedene Eigenschaften haben kann. Es kann sein, dass die Folge ins Unendliche geht, da die Werte immer größer werden, wie bei der Zahl 2. Genauso gut kann die Folge aber auch begrenzt sein, das heißt die Werte gehen nicht weit auseinander, sondern nehmen einen begrenzten Raum ein, wie bei der −1. Alle Zahlen – ganze Zahlen, Kommazahlen und sogar imaginäre Zahlen – lassen sich in eine der beiden Kategorien einordnen.

Diese Klassifizierung der Zahlen mag abstrakt erscheinen, doch man kann sich ein genaueres Bild davon machen, wenn man die Zusammenhänge mit Hilfe der kartesischen Koordinaten darstellt. Dazu trägt man alle reellen Zahlen auf der waagrechten Achse, der x-Achse, ein, genau wie weiter oben beschrieben,[26] die imaginären Zahlen kommen auf die senkrechte y-Achse. Nun lassen sich die Punkte, die zu der einen oder anderen Kategorie gehören, verschieden einfärben. Und heraus kommt dieses wunderschöne Bild.

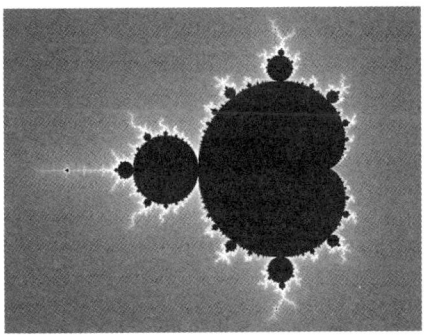

26 Die Null in der Mitte, alle negativen Zahlen links, alle positiven Zahlen rechts.

Auf dieser Darstellung sind alle Zahlen, die eine begrenzte Reihe ergeben, schwarz gefärbt, während die grauen Zahlen Folgen ergeben, die ins Unendliche gehen. Den schwarzen Umrissen wurde ein weißer «Schatten» gegeben, um bestimmte, sehr feine Details besser sehen zu können, die mit bloßem Auge kaum erkennbar sind.

Da jeder Punkt des Bildes auf der Analyse einer Zahlenfolge beruht, sind für die Darstellung zahllose Berechnungen erforderlich. Daher musste man bis zu Beginn der 1980er Jahre warten, um mit Hilfe von Computern präzise Bilder zu erhalten. Der Mathematiker Benoît Mandelbrot untersuchte als einer der Ersten die Geometrie der so entstandenen Figur, und seine Kollegen verliehen ihr schließlich den Namen «Mandelbrot-Menge».

Die Mandelbrot-Menge ist ein absolut faszinierendes Phänomen. Ihre Konturen bestehen aus einem unfassbar präzisen Spitzenmuster. Wenn man sich die Bordüre näher anschaut, tauchen immer neue, unendlich feine Ziselierungen auf. Auf einem einzigen Bild lässt sich die ungeheure Formenvielfalt des Mandelbrot'schen «Apfelmännchens» gar nicht festhalten. Eine Kostprobe einzelner Details ist auf der folgenden Seite abgebildet.

Fast noch beeindruckender ist aber die entwaffnende Schlichtheit der zugehörigen Formel. Wenn für dieses zauberhafte Bild eine irre Abfolge von Gleichungen, hochkomplizierte Berechnungen und undurchschaubare Konstruktionen nötig wären, würde man sagen: «Eine wirklich hübsche Figur, aber viel zu abgehoben.» Aber nein, es handelt sich um die geometrische Darstellung von grundlegenden Eigenschaften von Zahlenfolgen, die sich mit wenigen Worten definieren lassen. Aus einer simplen Regel ist ein geometrisches Meisterwerk entstanden.

Entdeckungen wie diese ließen die Diskussionen über das Wesen der Mathematik wiederaufleben. War die Mathematik nun eine menschliche Erfindung, oder führte sie ein unabhängiges Dasein? Waren Mathematiker Entdecker oder Erfinder? Auf den ersten Blick sprach die Mandelbrot-Menge für die Entdeckerthese. Denn

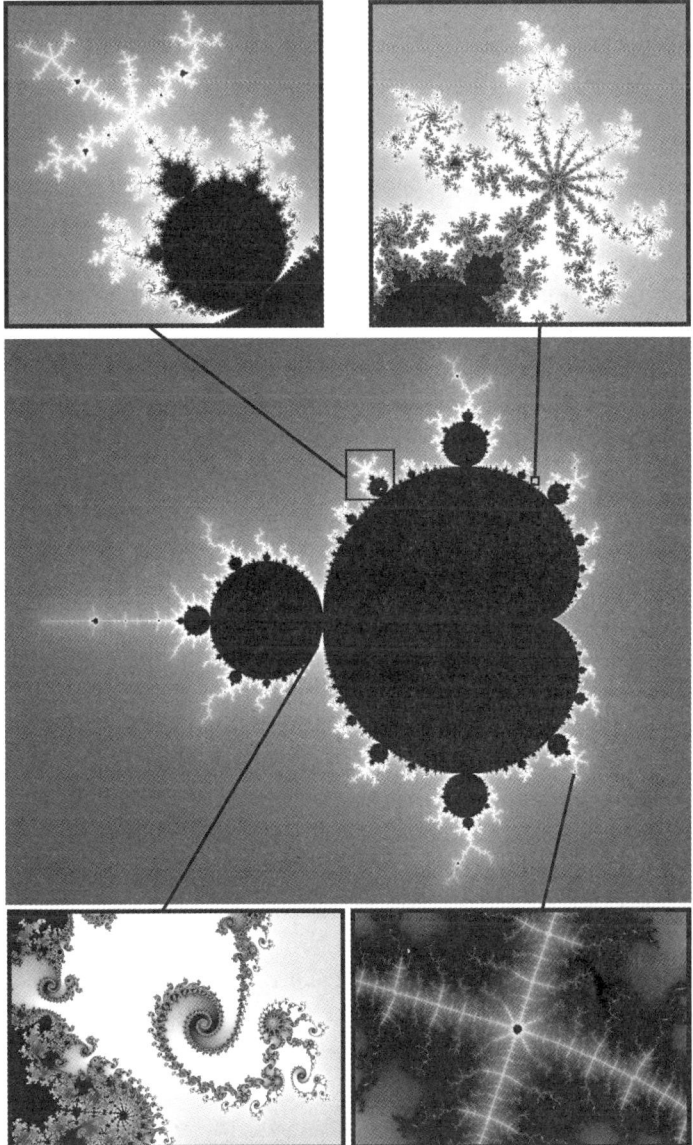

die Figur besitzt diese außergewöhnliche Form nicht etwa, weil Mandelbrot entschieden hätte, sie auf diese Weise zu konstruieren. Der Mathematiker hatte gar nicht die Absicht, eine solche Figur zu erfinden. Sie hat sich ihm aufgedrängt. Sie hätte nichts anderes sein können als das, was sie ist.

Dennoch, es erscheint seltsam, die Existenz eines Gegenstands anzunehmen, der vollkommen abstrakt ist und zudem nur innerhalb des immateriellen Rahmens der Mathematik von Bedeutung ist. Zahlen, Dreiecke und Gleichungen sind abstrakt, doch sie können nützlich sein, um uns die reale Welt zu erschließen. Eine Abstraktion, so dachte man bisher, hat immer ein – wenn auch entferntes – Spiegelbild in der Welt der Dinge. Die Mandelbrot-Menge scheint dagegen keinen Bezug zum Materiellen zu haben. In der physischen Natur ist kein Phänomen bekannt, das an ihre Form erinnern würde. Warum interessiert man sich also für diese Figur? Könnte man ihre Entdeckung mit der Entdeckung eines neuen Planeten in der Astronomie oder einer neuen Tierart in der Biologie vergleichen? Haben wir es mit einem Gegenstand zu tun, der es wert ist, um seiner selbst willen erforscht zu werden? Anders gesagt: Steht die Mathematik mit den anderen Naturwissenschaften auf einer Stufe?

Viele Mathematiker würden an dieser Stelle sofort mit Ja antworten. Und doch behält ihr Fach eine Sonderstellung auf dem Gebiet der menschlichen Erkenntnis. Ein Grund für diese Besonderheit ist die mehrdeutige Beziehung, welche die Mathematik zur Schönheit ihrer Objekte pflegt.

Es stimmt, dass man in beinahe allen Wissenschaften wirklich schöne Dinge entdecken kann. Die Bilder, die uns Astronomen von Himmelskörpern liefern, sind dafür ein gutes Beispiel. Man staunt über riesige Galaxien, glitzernde Kometenschwänze und kosmische Nebel. Das Universum ist schön. Aber das ist Zufall. Wenn es nicht schön wäre, ließe sich daran nicht viel ändern. Astronomen haben keine Wahl. Die Sterne sind, was sie sind, und man würde sie auch erforschen, wenn sie hässlich wären. Die Definition von «schön» und «hässlich» ist ohnehin subjektiv, aber das ist hier nicht das Thema.

Mathematiker können offenbar unabhängiger agieren. Wir haben ja bereits gesehen, dass es unendlich viele Möglichkeiten gibt, algebraische Strukturen zu definieren. Und in jeder dieser Strukturen gibt es unendliche viele Möglichkeiten, Folgen zu definieren, deren Eigenschaften man untersuchen kann. Die meisten Wege führen nicht zu so schönen Gebilden wie der Mandelbrot-Menge. In der Mathematik ist man in der Auswahl seines Gegenstands sehr frei. Aus den unendlich vielen Theorien, die man sich genauer anschauen könnte, sind es meistens die elegantesten, denen wir am liebsten nachgehen.

Dieser Ansatz erinnert an eine künstlerische Methode. Mozarts Symphonien sind nicht aus Zufall so schön – sie sind es, weil der Komponist dafür gesorgt hat, dass sie schön sind. Aus den unendlich vielen Musikstücken, die man komponieren kann, ist die überwältigende Mehrheit furchtbar hässlich. Wer schon einmal wie zufällig auf einem Klavier herumgeklimpert hat, weiß das. Das Talent des Künstlers besteht vor allem auch darin, aus der belanglosen Unendlichkeit die uns bezaubernden kleinen Glanzstücke herauszusuchen.

Auf gleiche Weise gehört es zum Talent eines Mathematikers, aus der unendlichen Welt seines Forschungsgebiets das herauszufiltern, was unser Interesse besonders verdient. Wenn die Mandelbrot-Menge nicht so wunderschön wäre, hätten sich bestimmt nicht so viele Mathematiker für sie interessiert. Sie wäre in der Schublade verschwunden, genau wie die vielen schlechten Symphonien, die kein Mensch hören mag.

Sind Mathematiker also eher Künstler als Wissenschaftler? Es ginge etwas zu weit, das hier behaupten zu wollen. Hat diese Frage überhaupt einen Sinn? Der Naturwissenschaftler sucht nach der Wahrheit und stößt dabei manchmal auf Schönes. Der Künstler sucht nach der Schönheit und stößt dabei manchmal auf Wahres. Der Mathematiker dagegen scheint manchmal zu vergessen, dass zwischen beidem ein Unterschied besteht. Er sucht gleichzeitig das eine wie das andere. Und findet das eine wie das andere. Er vermischt das Wahre und das Schöne, das Nützliche und das Überflüssige, das Gewöhnliche und das Unwahrscheinliche wie die Farben auf einer unendlichen Leinwand.

Der Mathematiker begreift dabei selbst nicht immer ganz, was er tut. Es ist schon oft vorgekommen, dass Formeln ihre Geheimnisse und ihren wahren Charakter erst viel später offenbaren, wenn ihre Schöpfer längst verschwunden sind. Pythagoras, Brahmagupta, al-Chwarizmi, Tartalglia, Viète und all die anderen haben die Mathematik erfunden, ohne eine Ahnung davon zu haben, was heute mit ihr möglich ist. Vielleicht ahnen auch wir nicht, was in ein, zwei Jahrhunderten mit Mathematik möglich sein wird. Nur die Zeit sorgt für den notwendigen Abstand, um ein mathematisches Werk gerecht zu beurteilen.

Unsere Erzählung nähert sich dem Ende.

Jedenfalls dem Ende dessen, was ich in diesem Buch am Beginn des 21. Jahrhunderts berichten kann. Aber was kommt danach? Es ist ja klar, dass die Geschichte selbst nicht zu Ende ist.

Das ist etwas, was man akzeptieren muss, wenn man Wissenschaft treibt: Je mehr man von einer Sache weiß, umso klarer sieht man, wie viel man *nicht* weiß. Jede Antwort wirft zehn neue Fragen auf. Dieses Spiel, das kein Ende kennt, ist deprimierend, stimmt aber zugleich auch froh. Denn könnten wir alles wissen, so würde uns die Freude darüber sogleich von der viel größeren Verzweiflung verdüstert, dass es nichts mehr zu entdecken gäbe. Doch keine Angst, was uns an mathematischen Erkenntnissen noch zu gewinnen bleibt, ist mit Sicherheit viel umfangreicher als das, was wir schon haben.

Wie wird die Mathematik der Zukunft aussehen? Diese Frage macht schwindelig. Es ist atemberaubend, von den Grenzen dessen aus, was wir wissen, den Blick auf all das zu richten, was wir *nicht* wissen. Wer einmal den berauschenden Geschmack neuer Entdeckungen gekostet hat, der zieht den Reiz von Neuland dem Komfort bereits eroberter Gebiete vor. Mathematik, die noch unbezwungen ist, ist überaus faszinierend. Es macht trunken, in der unermesslichen Savanne unserer Unwissenheit Ideen umhertollen zu sehen, deren Erhabenheit wir ahnen und deren Geheimnis unsere Phantasie auf lustvolle Weise quält. Einige scheinen nah zu sein. Man könnte glauben, man bräuchte nur die Hand auszustrecken, um sie zu berühren. Andere sind so fern, dass es Generationen dauern wird, bis wir an sie herankommen. Niemand weiß, was die Mathematiker und Mathematikerinnen in Zukunft entdecken werden, aber man kann darauf wetten: Die kommenden Jahrhunderte werden voller Überraschungen sein.

Es ist Frühjahr, und ich spaziere durch die Alleen des Salons der Kultur und der mathematischen Spiele, der jedes Jahr auf der Place Saint-Sulpice im 6. Arrondissement von Paris veranstaltet wird. Ich bin immer gern hier. In diesem Jahr ist ein Zauberer da und erklärt unter anderem einen Kartentrick, der auf einem arithmetischen Sachverhalt beruht. Ein Bildhauer meißelt geometrische Strukturen in den Stein, die von den platonischen Körpern inspiriert sind. Und ein Erfinder stellt hölzerne Apparaturen zur Schau, die sich als ausgefallene Rechenmaschinen entpuppen. Ein Stück weiter stoße ich auf Leute, die den Erdumfang berechnen – auf dieselbe Art und Weise wie einst Eratosthenes. Danach erblicke ich die Stände der Origami-Liebhaber, der Puzzle-Freaks und der Kalligraphen. Im Zelt wird ein Theaterstück gespielt, das Mathematik und Astronomie verbindet. Immer wieder dringt lautes Lachen heraus.

All diese Leute treiben Mathematik. All diese Leute erfinden Mathematik – jeder auf seine Weise! Dieser Jongleur spielt mit geometrischen Figuren, die kein bedeutender Wissenschaftler seines Interesses für würdig gehalten hätte. Ihm aber gefallen sie, und seine durch die Luft wirbelnden Bälle machen die Augen der Passanten leuchten.

Ich glaube, dass all das das Herz noch mehr erfreut als die großen Entdeckungen der großen Gelehrten. Die Mathematik, selbst die einfache, ist eine unerschöpfliche Quelle des Staunens und der Verwunderung. Unter den Besuchern des Salons sind viele Eltern, die vor allem ihrer Kinder wegen gekommen sind, die aber nach und nach selbst in den Bann des Spiels geraten. Es ist nie zu spät. Die Mathematik besitzt ein großes Potenzial, zu einer populären Disziplin zu werden. Man braucht kein genialer Mathematiker zu sein, um sich für sie zu begeistern und am Rausch der Entdeckungen Geschmack zu finden.

Um Mathematik zu treiben, bedarf es nicht viel. Wenn Sie weitermachen möchten, nachdem Sie diese letzte Seite umgeblättert haben: Es gibt noch viel mehr zu entdecken als das, was ich Ihnen erzählen konnte. Sie können sich Ihren eigenen Weg bahnen, Ihre eigenen Vorlieben entwickeln und Ihren eigenen Wünschen folgen.

Ein Quäntchen Wagemut, eine große Portion Neugier und ein bisschen Phantasie genügen.

Wenn Sie weitergehen möchten ...

Für Ihre weitere Erkundung der Mathematik hier einige Hinweise.

Museen und Veranstaltungen

Die Abteilung für Mathematik im Palais de la Découverte in Paris (*http://www.palais-decouverte.fr*) bietet Animationen, Vorträge und Workshops für das breite Publikum. Versäumen Sie nicht, einen Rundgang durch die berühmte Salle π zu machen, wenn Sie das Palais besuchen! Auch in der Stadt der Wissenschaften und der Industrie, ebenfalls in Paris (*http://www.cite-sciences.fr*), finden Sie einen der Mathematik gewidmeten Raum.

In Deutschland können Sie das Mathematikum (*http://www.mathematikum.de*) in Gießen besuchen, ein Museum, das ausschließlich der Mathematik gewidmet ist. Seine mehr als 150 Exponate sind zum großen Teil interaktiv, laden zum Mitmachen und zu Experimenten aller Art ein.

Bücher

Es gibt viele Werke, die die Mathematik auf verschiedenen Niveaus der Popularisierung und der Spezialisierung behandeln. Die folgenden Empfehlungen bilden nur eine Auswahl.

Wenn es um unterhaltsame Mathematik geht, kommt man nicht um Martin Gardner herum, der von 1956 bis 1981 die Sparte Mathematik des *Scientific American* betreute. Seine Sammlungen von Kolumnen wie auch seine zahlreichen Bücher über mathematische Zaubereien und Rätsel sind Standardwerke. Unter den Klassikern seien auch Yakov Perelmans berühmtes *Oh, les maths!* und Raymond Smullyans Logikbücher, wie *Dame oder Tiger?* und *Wie heißt dieses Buch?*, erwähnt.

Von den Büchern jüngerer Autoren empfehle ich Ian Stewart, *Professor Stewarts mathematisches Kuriositätenkabinett*, Marcus du Sautoy, *Die Mondscheinsucher: Mathematiker entschlüsseln das Geheimnis der Symmetrie*, und Simon Singh, *Codes. Die Kunst der Verschlüsselung*, sowie *Homers letzter Satz. Die Simpsons und die Mathematik*. Clifford A. Pickovers *Mathebuch. Von Pythagoras bis in die 57. Dimension* bietet einen illustrierten chronologischen Überblick über die spannendsten Erkenntnisse der Mathematikgeschichte.

Unter den französischen Autoren sei vor allem Denis Guedj erwähnt, Verfasser zahlreicher Werke, darunter des historisch-mathematischen Kriminalromans *Das Theorem des Papageis*. Auch Jean-Paul Delahaye ist ein inspirierender Autor; genannt seien π – *die Story* und *Merveilleux nombres premiers*.

Einem anderen Genre gehört *Das lebendige Theorem* von Cédric Villani an, ein Buch, das den Leser mit der Erzählung von der Geburt eines Theorems ins Innerste der mathematischen Forschung von heute führt.

Bibliographie

Hier eine Bibliographie mit den wichtigsten Werken und Dokumenten, die mich beim Schreiben dieses Buches begleitet haben. Vorsicht, einige sind sehr technisch! Die Liste ist alphabetisch nach Autoren geordnet.

Legende:

Epoche
A: Antike
M: Mittelalter
R: Renaissance
N: Neuzeit und Gegenwart

Thema
G: Geometrie
Z: Zahlen/Algebra
W: Analysis/Wahrscheinlichkeitsrechnung
L: Logik
S: Andere Wissenschaften

[NW] Agnesi, Maria Gaetana, *Traités élémentaires de calcul différentiel et de calcul intégral*. Paris (Claude-Antoine Jombert Libraire) 1775.

Albers, Donald J., Gerald L. Alexanderson und Constance Reid, *International Mathematical Congresses: An Illustrated History 1893–1986*. New York, Berlin, Heidelberg (Springer) 1987.

[MZ] al-Chwarizmi, Muhammad ibn Musa, *The algebra of Mohammed ben Musa*. Edited and translated by Frederic Rosen. Nachdruck der Ausgabe London 1831. Hildesheim, Zürich, New York (Olms) 1986.

[AG] Archimedes, *Werke*. Übersetzt und mit Anmerkungen versehen von Arthur Czwalina. Im Anhang: *Kreismessung*. Übersetzt von Ferdinand Rudio. *Des Archimedes Methodenlehre von den mechanischen Lehrsätzen*. Übersetzt von Johan Ludvig Heiberg und kommentiert von Hieronymus Georg Zeuthen. [Unveränderter fotomechanischer Nachdruck] Leipzig 1922,

1923, 1925, Stuttgart 1906/07. Darmstadt (Wissenschaftliche Buchgesellschaft) 1963.

[AL] Aristoteles' *Physik: Vorlesung über Natur.* Griechisch-Deutsch. Übersetzt, mit einer Einleitung und Anmerkungen herausgegeben von Hans Günter Zekl. 2 Halbbände. Hamburg (Meiner) 1987, 1988.

[NW] Banach, Stefan, und Alfred Tarski, «Sur la décomposition des ensembles de points en parties respectivement congruentes». *Fundamenta Mathematicae* 6, 1924, S. 244–277.

[N] Belhoste, Bruno, *Paris savant: Parcours et rencontres au temps des Lumières.* Paris (Armand Colin) 2011.

[NW] Bernoulli, Jakob, *Wahrscheinlichkeitsrechnung: I., II., III. und IV. Theil (1713).* Übersetzt und herausgegeben von Robert Haussner. [Nachdruck der Ausgabe] Leipzig (Engelmann) 1899. Frankfurt am Main (Thun) 1999.

[G] Brahem, Jean-Louis, *Histoires de géomètres... et de géométrie.* Paris (Éditions le Pommier) 2011.

[MZ] Bravo-Alfaro, Héctor, «Les Mayas, un lien fort entre Maths et Astronomie». In: Comité International des Jeux Mathématiques (Hg.), *Maths Express au carrefour des cultures.* Paris 2014, S. 33–39.

[Z] Cajori, Florian, *A History of Mathematical Notations.* London (The Open Court Company) 1928.

[RZ] Cardano, Girolamo, *Ars Magna or The Rules of Algebra.* Translated and edited by T. Richard Witmer. With a Foreword by Oystein Ore. Mineola (Dover Publications) 1968.

[RZ] Charbonneau, Louis, «Il y a 400 ans mourait sieur François Viète, seigneur de la Bigotière». In: *Bulletin AMQ,* XVIII, 3, Oktober 2003.

[AG] Chemla, Karine, «Mathématiques et culture: Une approche appuyée sur les sources chinoises les plus anciennes connues». In: Claudio Bartocci und Piergiorgio Odifreddi (Hgg.), *La mathématique 1: Les lieux et les temps.* Paris (CNRS Éditions) 2009, S. 103–152.

[AG] Clagett, Marshall, *Ancient Egyptian Science: A Source Book.* Philadelphia (American Philosophical Society) 1999.

[NG] Cluzel, René, und Jean-Pierre Robert, *Géométrie: Enseignement technique.* Paris (Librairie Delagrave) 1964.

[Z] Conway, John Horton, und Richard K. Guy, *Zahlenzauber. Von natürlichen, imaginären und anderen Zahlen.* Aus dem Amerikanischen von Manfred Stern. Basel, Boston, Berlin (Birkhäuser) 1997.

[N] Curbera, Guillermo P., *Mathematicians of the World, Unite! The International Congress of Mathematicians – A Human Endeavor.* Boca Raton (CRC Press) 2009.

[Z] Delahaye, Jean-Paul, π – *die Story.* Aus dem Französischen von Manfred Stern. Basel, Boston, Berlin (Birkhäuser) 1999.

[Z] Delahaye, Jean-Paul, *Merveilleux nombres premiers: Voyage au cœur de l'arithmétique*. Paris (Editions L'Harmattan) 2000.

[Z] Deledicq, André, und Claudie Asselain-Missenard, *La longue histoire des nombres*. Paris (ACL – Les éditions du Kangourou) 2009.

[AG] Deledicq, André, und Francis Casiro, *Pythagore & Thalès*. Paris (ACL – Les éditions du Kangourou) 2009.

Deledicq, André, Jean-Christophe Deledicq und Francis Casiro, *Les maths et la plume*. Paris (ACL – Les éditions du Kangourou) 1996.

Department of Mathematics – North Dakota State University, *Mathematics Genealogy Project*. https://genealogy.math.ndsu.nodak.edu/, 2016.

[A] Diogenes Laertius, *Leben und Meinungen berühmter Philosophen*. In der Übersetzung von Otto Apelt unter Mitarbeit von Hans Günter Zekl neu herausgegeben sowie mit Einleitung und Anmerkungen versehen von Klaus Reich. Hamburg (Meiner) 2015.

[M] Djebbar, Ahmed, «Bagdad, un foyer au carrefour des cultures (VIIIe-XIe siècles)». In: Comité International des Jeux Mathématiques (Hg.), *Maths Express au carrefour des cultures*. Paris 2014, S. 41–45.

[M] Djebbar, Ahmed, u. a., *L'âge d'or des sciences arabes*. Paris (Actes Sud) 2005.

[M] Djebbar, Ahmed, «Panorama des mathématiques arabes». In: Claudio Bartocci und Piergiorgio Odifreddi (Hgg.), *La mathématique 1: Les lieux et les temps*. Paris (CNRS Éditions) 2009, S. 200–232.

[G] du Sautoy, Marcus, *Die Mondscheinsucher. Mathematiker entschlüsseln das Geheimnis der Symmetrie*. Aus dem Englischen übersetzt von Stephan Gebauer und Andreas Gebauer. München (C.H.Beck) 2008.

[A] Engels, Donald W., *Alexander the Great and the Logistics of the Macedonian Army*. Berkeley, Los Angeles, London (University of California Press) 1992.

[AG] Euklid, *Die Elemente: Buch 1–13*. Herausgegeben und ins Deutsche übersetzt von Clemens Thaer. Reprografischer Nachdruck [der Ausgabe] Leipzig 1933–1937. Darmstadt (Wissenschaftliche Buchgesellschaft) 1969.

[MZ] Fibonacci, Leonardo, *Liber Abaci*. Extraits traduits par Alain Schärlig. *https://www.bibnum.education.fr/sites/default/files/texte_fibonacci.pdf*

[NS] Galilei, Galileo, *The Assayer* [Il Saggiatore]. Selections, translated by Stillman Drake, *Discoveries and Opinions of Galileo*. New York (Doubleday & Co.) 1957, S. 231–280. *http://www.princeton.edu/~hos/h291/assayer.htm*

Guedj, Denis, *Das Theorem des Papageis*. Aus dem Französischen von Bernd Wilczek. Hamburg (Hoffmann und Campe) 1999.

[Z] Guedj, Denis, *Zéro, ou les cinq vies d'Aémer: L'épopée de l'invention du zéro*. Paris (Pocket) 2008.

Hauchecorne, Bertrand, und Daniel Surreau, *Des mathématiciens de A à Z*. Paris (Ellipses) 1996.

254 Bibliographie

Hauchecorne, Bertrand, *Les mots & les maths: Dictionnaire historique et étymologique du vocabulaire mathématique*. Paris (Ellipses) 2003.

[N]   Hilbert, David, *Mathematische Probleme*. Vortrag, gehalten auf dem internationalen Mathematiker-Kongreß zu Paris 1900. https://www.math.uni-bielefeld.de/~kersten/hilbert/rede.html

[NL]   Hofstadter, Douglas R., *Gödel, Escher, Bach. Ein Endloses Geflochtenes Band*. Stuttgart (Klett-Cotta) 2013.

[AZ]   Høyrup, Jens, *L'Algèbre au temps de Babylone: Quand les mathématiques s'écrivaient sur de l'argile*. Paris (Vuibert) 2010.

[AZ]   Høyrup, Jens, «Les Origines». In: Claudio Bartocci und Piergiorgio Odifreddi (Hgg.), *La mathématique 1: Les lieux et les temps*. Paris (CNRS Éditions) 2009, S. 11–40.

[A]   Iamblichos, *Pythagoras. Legende, Lehre, Lebensgestaltung*. Griechisch und deutsch. Herausgegeben, übersetzt und eingeleitet von Michael von Albrecht. Zürich (Artemis) 1963.

[Z]   Keith, Mike, *Near a Raven*. http://cadaeic.net/naraven.htm, 1995.

[MZ]   Keller, Agathe, «Des devinettes mathématiques en Inde du Sud». In: Comité International des Jeux Mathématiques (Hg.), *Maths Express au carrefour des cultures*. Paris 2014, S. 83–87.

[NW]   Launay, Mickaël, *Urnes Interagissantes*. Thèse de doctorat. Université Aix-Marseille 2012.

[NG]   Mandelbrot, Benoît, *Fractals: Form, Chance and Dimension*. San Francisco (Freeman) 1977.

Mehl, Serge, *ChronoMath, chronologie et dictionnaire des MATHÉMATIQUES*. http://serge.mehl.free.fr/

[M]   Moyon, Marc, «Traduire les mathématiques en *Andalus* au XIIᵉ siècle». In: Comité International des Jeux Mathématiques (Hg.), *Maths Express au carrefour des cultures*. Paris 2014, S. 47–52.

[NL]   Nagel, Ernest, James R. Newman, Kurt Gödel und Jean-Yves Girard, *Le Théorème de Gödel*. Paris (Points) 1997.

[NL]   Nagel, Ernest, und James R. Newman, *Der Gödelsche Beweis*. Deutsche Übersetzung von Hubert Schleichert. München, Wien (Oldenbourg) 1964.

[RZ]   Napolitani, Pier Daniele, «La Renaissance italienne». In: Claudio Bartocci und Piergiorgio Odifreddi (Hgg.), *La mathématique 1: Les lieux et les temps*. Paris (CNRS Éditions) 2009, S. 265–313.

[AG]   *Neun Bücher arithmetischer Technik. Ein chinesisches Rechenbuch für den praktischen Gebrauch aus der frühen Hanzeit (202 v. Chr. bis 9 n. Chr.)*. Übersetzt und erläutert von Kurt Vogel. Braunschweig (Vieweg) 1968.

[NS]   Newton, Isaac, *Die mathematischen Prinzipien der Physik*. Übersetzt und herausgegeben von Volkmar Schüller. Berlin, New York (de Gruyter) 1999.

[NW]   Pascal, Blaise, *Traité du triangle arithmétique*. Paris (Guillaume Desprez) 1665.

[MG]   Pérez Gómez, Rafael, u. a., *La Alhambra*. Granada (Epsilon) 1987.

[Z]   Perelman, Jakov Isidorovič, *Unterhaltsame Algebra*. Übersetzt von Ludwig Müller. Berlin (Volk und Wissen) 1965.

[G]   Perelman, Jakov Isidorovič, *Unterhaltsame Geometrie. Eine Sammlung allgemeinverständlicher geometrischer Aufgaben zur Unterhaltung und Übung*. Die Übersetzung besorgte das Staatssekretariat für Berufsausbildung, Berlin. Redaktion: Werner Golm. Berlin (Volk und Wissen) 1954.

Perelman, Yakov, *Oh, les Maths! 200 contes, énigmes et casse-tête pour mourir de rire … et tuer le temps*. Paris (Dunod) 2001.

Peters, Arno, *Synchronoptische Weltgeschichte*. Frankfurt am Main (Zweitausendeins) 2000.

Pickover, Clifford A., *Das Mathebuch. Von Pythagoras bis in die 57. Dimension. 250 Meilensteine in der Geschichte der Mathematik*. Aus dem Englischen übersetzt von Ursula Fethke und Klaus Kramp. Kerkdriel (Librero), 2014.

[AG]   Platon, *Timaios. Kritias. Philebos*. Bearbeitet von Klaus Widdra. Griechischer Text von Albert Rivaud. Deutsche Übersetzung von Hieronymus Müller. Darmstadt (Wissenschaftliche Buchgesellschaft) 1972.

[MZ]   Plofker, Kim, «L'Inde ancienne et médiévale». In: Claudio Bartocci und Piergiorgio Odifreddi (Hgg.), *La mathématique 1: Les lieux et les temps*. Paris (CNRS Éditions) 2009, S. 155–171.

[N]   Poincaré, Henri, *Wissenschaft und Methode*. Autorisierte deutsche Ausgabe mit erläuternden Anmerkungen von Ferdinand und Lisbeth Lindemann. Leipzig und Berlin (Teubner) 1914.

[NW]   Pólya, George, «Sur quelques points de la théorie des probabilités». In: *Annales de l'Institut Henri Poincaré* 1.2 (1930), S. 117–161.

[AZ]   Proust, Christine, *Brève chronologie de l'histoire des mathématiques en Mésopotamie*. http://culturemath.ens.fr/content/brève-chronologie-de-lhistoire-des-mathématiques-en-mésopotamie, 2006.

[AZ]   Proust, Christine, *Le calcul sexagésimal en Mésopotamie*. http://culturemath.ens.fr/content/le-calcul-sexagésimal-en-mésopotamie, 2005.

[AZ]   Proust, Christine, *Mathématiques en Mésopotamie*. http://images.math.cnrs.fr/Mathematiques-en-Mesopotamie.html, 2014.

[A]   Pythagoras, *Die Goldnen Sprüche des Pythagoras*. Aus dem Griechischen, nebst Anhang, von [Johann Wilhelm Ludwig] Gleim. Halberstadt 1786.

[NL]   Russell, Bertrand, und Alfred North Whitehead, *Principia Mathematica*. Dublin (Merchant Books) 2009.

[AZ]   Schmandt-Besserat, Denise, «From Accounting to Writing». In: Bennett A. Rafoth und Donald L. Rubin (Hgg.), *The Social Construction of Written Communication*. Norwood (Ablex Publishing Corp.) 1988, S. 119–130.

[AZ]   Schmandt-Besserat, Denise, *The Evolution of Writing*. https://sites.utexas.edu/dsb/tokens/the-evolution-of-writing/, 2014.

[RZ] Serfati, Michel, «Le secret et la règle». In: Serfati, *La recherche de la vérité*. Paris (ACL – Les éditions du Kangourou) 1999, S. 31–71.

Singh, Simon, *Codes. Die Kunst der Verschlüsselung. Die Geschichte – die Geheimnisse – die Tricks*. Aus dem Englischen von Klaus Fritz. München, Wien (Hanser) 2002.

Singh, Simon, *Homers letzter Satz. Die Simpsons und die Mathematik*. Aus dem Amerikanischen von Sigrid Schmid. München, Wien (Hanser) 2013.

[NL] Smullyan, Raymond, *Dame oder Tiger? Logische Denkspiele und eine mathematische Novelle über Gödels große Entdeckung*. Aus dem Amerikanischen von Thea Brandt. Frankfurt am Main (Krüger) 1983.

[NL] Smullyan, Raymond, *Gödel's Incompleteness Theorems*. New York und Oxford (Oxford University Press) 1992.

[NL] Smullyan, Raymond, *Wie heißt dieses Buch? Eine unterhaltsame Sammlung logischer Rätsel*. Übersetzung aus dem Englischen von Thea Brandt. Braunschweig (Vieweg) 1983.

[Z] Stendhal (Henri Beyle), *Das Leben des Henry Brulard*. Übertragen von Walter Widmer. München (Winkler) 1956.

Stewart, Ian, *Professor Stewarts mathematisches Kuriositätenkabinett*. Deutsch von Monika Niehaus und Bernd Schuh. Reinbek (Rowohlt) 2010.

[NL] Turing, Alan, «On computable numbers with an application to the Entscheidungsproblem». In: *Proceedings of the London Mathematical Society, 2*, 42 (1936/37), S. 230–265.

[RZ] Viète, François, *Einführung in die neue Algebra*. Übersetzt und erläutert von Karin Reich und Helmuth Gericke unter Mitarbeit von Liselotte Ringholz. München (Fritsch) 1973.

Villani, Cédric, *Das lebendige Theorem*. Aus dem Französischen von Jürgen Schröder. Frankfurt am Main (S. Fischer) 2013.

Bildnachweis

Seite 13: Maurice Bourlon | Seite 32: aus Albrecht Beutelspacher: Kleines Mathematikum, C.H.Beck, München 2016 | Seite 118: Bibliothèque nationale de France | Seite 217: Wikimedia Commons | Seite 231: International Mathematical Union, Photo: Stefan Zachow (ZIB)

Alle übrigen Abbildungen stammen vom Autor.